DIE WISSENSCHAFT

HERAUSGEBER PROF. DR. WILHELM WESTPHAL

BAND 102

Walter Lietzmann

Das Wesen der Mathematik

FRIEDR. VIEWEG & SOHN, BRAUNSCHWEIG

1949

von Friedr. Vieweg & Sohn Verlag G. m. b. H., Braunschweig

Gesamtherstellung: Schloß-Buchdruckerei, Braunschweig

ISBN 978-3-322-96059-7   ISBN 978-3-322-96192-1 (eBook)
DOI 10.1007/978-3-322-96192-1

Vorwort

Ältere Lehrbücher der Mathematik pflegten damit zu beginnen, die Frage nach dem Wesen der Mathematik und ihrer einzelnen Teilgebiete zu beantworten, ja, geradezu Definitionen dieser Begriffe zu geben. Wir sind heute davon abgekommen. Mit Recht! Denn eine solche Frage gehört nicht an den Anfang, sondern an den Schluß einer gewissen Beschäftigung mit Mathematik. Erst wenn man bereits etwas von der Mathematik kennengelernt hat, erscheint es angebracht, sich einmal über die mathematische Methode, über den Aufbau des Lehrgutes und über seine Grundlage klarzuwerden.

Es haben zahlreiche frühere Lehrpläne für höhere Schulen einen „wiederholenden Aufbau des Zahlbegriffes" in die Oberklassen verlegt. Es haben die Meraner Vorschläge und nach ihnen andere moderne Stoffpläne als Abschluß des mathematischen Unterrichts „Rückblicke unter Heranziehung geschichtlicher und philosophischer Gesichtspunkte" gefordert. Die preußischen Richtlinien vom Jahre 1925 legten sowohl in den methodischen Bemerkungen wie in den Lehrplänen großen Nachdruck auf derartige philosophisch vertiefte Rückblicke: „Logik und Erkenntnistheorie finden einen Platz in der Mathematik. Auch die psychologischen Grundlagen des mathematischen Denkens soll der Unterricht berühren. Einzelfragen wie Zahlen- und Raumvorstellungen sind nach Möglichkeit philosophisch zu vertiefen" — so heißt es in ihnen. Auch die Marienauer Vorschläge (1945), um wenigstens einen der neuen Pläne zu nennen, fordern: „Aufbau und Grundlage der Mathematik: Entwicklung des Zahl- und Funktionsbegriffes, axiomatisches Verfahren der Grundlegung am Beispiel der Geometrie, Ausblicke auf Logik und Erkenntnislehre."

Die Lernbücher der Schulen können sich nur schwer in den Dienst der so umrissenen Aufgaben stellen, denn mit gelegentlichen Anmerkungen oder mit Anhängen von wenigen Seiten ist es nicht getan.

Ich habe deshalb schon 1927 unter dem Titel „Aufbau und Grundlage der Mathematik" ein Ergänzungsheft zu meinem mathematischen Unterrichtswerk (B. G. Teubner, Leipzig) veröffentlicht und damit einen alten Plan zur Ausführung gebracht, gestützt auf mehrere praktische Unterrichtsversuche.

Nun haben wir im letzten Jahrzehnt in den Schulen wenig Zeit gefunden, im mathematischen Unterricht, so wie es vorher geschehen, auf diese Dinge einzugehen, wenn die Frage „Was ist Mathematik?" auch, wie ich annehme, nicht ganz unbeantwortet geblieben ist.

Unabhängig aber davon, wieweit solche Forderungen an den Unterricht in der Zukunft Erfüllung finden werden, bleibt der Wunsch, jeder Mathematiklehrer möchte Gelegenheit nehmen, sich mit dem für seine Fachwissenschaft wie für seine allgemeine Durchbildung bedeutsamen Problem zu befassen. Ich habe deshalb immer in den Vorlesungen, die ich über verschiedene Zweige der Elementarmathematik in regelmäßiger Abfolge gehalten habe, Aufbau und Grundlage der betreffenden Gebiete in den Vordergrund gestellt. Mit der Zeit haben sich so starke Ausweitungen des ursprünglich für den Unterricht an höheren Schulen gedachten Stoffes ergeben. Das alte, längst vergriffene Heft hat mit der Aufnahme dieser neuen Abschnitte nicht nur seinen Umfang 'sondern auch seinen Charakter geändert. Es wendet sich an den Kreis derer, die, gleichgültig ob an den höheren Schulen oder Volksschulen, Mathematik unterrichten oder später unterrichten wollen, wenn es auch dem für Mathematik interessierten Schüler nicht verschlossen bleiben soll.

In einer Hinsicht ist dabei in der Anlage des Buches keine Änderung eingetreten: Es bleibt dabei, daß keine großen Voraussetzungen über höhere Mathematik gemacht werden. Mein Wunsch geht nämlich weiter. Die Frage: „Was ist Mathematik?" sollte nicht nur den engeren Fachbereich angehen. Erinnern wir uns des bekannten, wenn auch zumeist ungenau zitierten K a n t wortes: „Eine reine Naturlehre über bestimmte Naturdinge (Körperlehre und Seelenlehre) ist nur vermittels der Mathematik möglich, und da in jeder Naturlehre nur soviel eigentliche Wissenschaft angetroffen wird, als sich darin a priori befindet, so wird Naturlehre nur soviel eigentliche Wissenschaft enthalten, als Mathematik in ihr angewandt werden kann."

Mag man zu dem Satz stehen, wie immer man will, jedenfalls sollte hiernach jeder, der mit Wissenschaft überhaupt zu tun haben will, sich darum kümmern, was es denn mit dieser in der Art ihrer Arbeitsweise so ganz besonders aus dem Kreise der Fächer herausragenden Mathematik auf sich hat. Darauf eine Antwort zu geben, und zwar so, daß die mathematische Methode klar herausgestellt wird, während es sich erübrigt, den Stoffbereich der mathematischen Wissenschaft über das übliche Schulwissen hinaus zu vermitteln oder gar vorauszusetzen, ist die Aufgabe dieser Schrift.

Ich habe Frl. Dr. R. P r o k s c h zu danken, daß sie mich beim Lesen der Korrektur unterstützt hat.

Göttingen, März 1949.

W. L i e t z m a n n.

Inhaltsverzeichnis

Seite

Vorwort III

Einleitung 1

Erstes Kapitel: Die Logik im Aufbau der Mathematik

1. Grundbegriffe der Logik 3
2. Der Begriff 3
3. Verhältnisse zweier Begriffe 5
4. Begriffsreihen 7
5. Definitionen 8
6. Einige Forderungen an die Definitionen 9
7. Erweiterung von Definitionen 11
8. Einführung idealer Elemente 12
9. Definitionsfehler 13
10. Namen und Zeichen für Begriffe 14
11. Urteil 16
12. Andere Arten von Urteilen 17
13. Art und Herkunft der Urteile 18
14. Vier logische Grundgesetze 19
15. Unmittelbare Schlüsse 21
16. Mittelbare Schlüsse 21
17. Induktive und deduktive Methode 22
18. Der Beweis 24
19. Beweisfehler 25
20. Notwendige und hinreichende Bedingung und Umkehrung von Lehrsätzen 26
21. Direkte und indirekte Beweise 29
22. Vollständige Induktion 31
23. Unmöglichkeitsbeweise 33
24. Mannigfaltigkeit von Beweisen 34
25. Das Verhältnis von Definition und Lehrsatzgefüge 36
26. Der Aussagenkalkül der Logistik 40
27. Der Funktions- oder Prädikatenkalkül 42

Zweites Kapitel: Grundlegung der Geometrie

1. Geschichtliche und psychologische Entwicklung 44
2. Grundbegriffe 44
3. Der Begriff Fläche 45
4. Der Begriff der Kurve 46
5. Der Begriff der Länge 48
6. Praktische Erzeugung von Gerade und Ebene 49
7. Arithmetisierung der Geometrie 50

Seite
8. Forderungen und Grundgesetze bei Euklid 51
9. Was sind Axiome? 52
10. Vollständigkeit des Axiomensystems 52
11. Die Axiome der Verknüpfung 54
12. Die Unabhängigkeit der Axiome 55
13. Geometrie als Beziehungslehre 56
14. Beispiele von Bildgeometrien 56
15. Ausfallsgeometrie 58
16. Widerspruchslosigkeit 59
17. Die Axiome der Anordnung 60
18. Die Axiome der Verknüpfung und die Wirklichkeit 61
19. Die Axiome der Anordnung und die Wirklichkeit 63
20. Unterschied zwischen Axiomenraum und Sinnenraum 64
21. Die Anschauung 66
22. Trugschlüsse 67
23. Der Begriff der Kongruenz 71
24. Die Gruppe der Kongruenzaxiome 72
25. Freiheit in der Wahl der Grundbegriffe 74
26. Parallelenaxiom und nichteuklidische Geometrie 75
27. Die nichteuklidischen Geometrien 77
28. Zerlegungsgleichheit und archimedisches Axiom 79
29. Zerlegungsgleichheit, Ergänzungsgleichheit, Flächengleichheit 81
30. Das Vollständigkeitsaxiom 82
31. Der vierdimensionale Raum 84
32. Die regelmäßigen Polytope im vierdimensionalen Raum 86
33. Polytope im mehrdimensionalen Raum 89
34. Der Weg vom Sinnenraum zur abstrakten Geometrie 92
35. Der Weg von der abstrakten Geometrie zum Sinnenraum 93

Drittes Kapitel: Grundlegung der Arithmetik

1. Zahl und Zählen 95
2. Die vier Grundrechenarten im Bereiche der natürlichen Zahlen 95
3. Der Bereich der rationalen Zahlen 96
4. Die Rechenoperationen im erweiterten Zahlbereich 97
5. Verbot der Division durch Null 98
6. Widerspruchslosigkeit 99
7. Die Rechenoperationen dritter Stufe 100
8. Die Irrationalzahlen 101
9. Der Dedekindsche Schnitt 102
10. Komplexe Zahlen 103
11. Axiome der Arithmetik 104
12. Unabhängigkeit der Axiome 106
13. Zurückführung auf Axiome für die natürlichen Zahlen 107
14. Peanos Axiomensystem für natürliche Zahlen 108
15. Peanos Axiomensystem in Begriffsschrift 109
16. Die vollständige Induktion 110
17. Der Begriff der Menge 111

Seite

18. Begriff der Äquivalenz 112
19. Äquivalenzuntersuchungen 113
20. Die reellen Zahlen sind nicht abzählbar 116
21. Kontinuumsuntersuchungen 117
22. Mengen, die weder abzählbar noch Kontinuum sind 119
23. Transfinite Zahlen 119
24. Paradoxien der Mengenlehre 120
25. Geordnete Mengen 121
26. Ähnlichkeit geordneter Mengen 122
27. Vom Rechnen mit Ordnungstypen 123

Viertes Kapitel: Grundlegung der Analysis

1. Unendlich als Anzahlbezeichnung 124
2. Naive Benutzung von Grenzwerten 126
3. Unendliche Folgen 127
4. Das Rechnen mit Grenzwerten 130
5. Die Irrationalzahl 131
6. Unendliche Reihen 132
7. Die Veränderliche 133
8. Die Funktion 134
9. Grenzwerte von Funktionen 137
10. Stetigkeit 140
11. Differenzierbarkeit 141
12. Differentiale 144
13. Flächeninhalt und Integral 146
14. Rauminhalt, Cavalierisches Prinzip, Grenzübergang 148
15. Bestimmtes und unbestimmtes Integral 150
16. Fortschreitender Abstraktionsprozeß in der Mathematik 151
17. Begriffliche Vereinheitlichung in der Mathematik 153

Fünftes Kapitel: Mathematik und Erkenntnislehre

1. Fragen an die Philosophie 155
2. Der Logismus 155
3. Der Empirismus 157
4. Der Formalismus 158
5. Mathematik und Forschung 159
6. Mathematik und Lehre 161
7. Der Kritizismus 162
8. Der Konventionalismus 163
9. Der Intuitionismus 164
10. Angewandte Mathematik 165
11. Mathematik und Erziehung 167

Einleitung

Der kritische Leser wird es vielleicht schon beim Überfliegen der Inhaltsangabe dieses Buches, das doch zu einem großen Teile mit der Logik zu tun hat, als einen Mangel an Logik empfinden, daß der Aufbau der Mathematik vorangestellt, die Grundlage aber, die vorher da sein muß, an die zweite Stelle gesetzt worden ist. Man muß doch erst den Grund legen, ehe man aufbauen kann! Freilich hat man auch in dieser unserer Wissenschaft oft lustig und unbesorgt um den Untergrund aufgebaut, und dann weit später, manchmal erst nach Jahrtausenden, ein solides Fundament gelegt. Da ich aber mit dieser kleinen Schrift einen Unterrichtszweck verfolge, so wird schon die pädagogische Absicht genügen, mein Vorgehen zu rechtfertigen.

Ich führe ja den Leser nicht in ein ganz unbekanntes Haus, noch weniger will ich ihm das Haus erst bauen. Ich setze voraus, daß er schon etwas mit der Mathematik vertraut ist. Wozu ich ihn einlade, das ist, nachträglich die Art des Bauens näher kennenzulernen. Da will ich mit den allen sichtbaren Dingen beginnen. Wie im Hause die Steine durch den Mörtel aneinandergefügt sind, so werden wir in der Mathematik Begriffe und Lehrsätze durch die Logik verbunden finden. Dabei gilt es eigentlich nur, längst Bekanntes etwas genauer anzuschauen und daraus das Grundsätzliche herauszufinden.

Erst wenn wir diese Aufgabe erfüllt haben, wollen wir zu den Fundamenten hinabsteigen. Wir werden da wahrscheinlich manches finden, was dem Leser neu ist, manches, was er vordem noch nicht bedacht hat. Und erst nach dieser lehrreichen Wanderung in den sonst nicht aufgesuchten Kellerräumen wird uns das Ganze des Gebäudes in seiner inneren Stabilität recht deutlich werden.

Ich darf noch ein anderes Bild gebrauchen. Das Haus, wenn es fertig, ist etwas Starres, Unveränderliches, man baut nicht gern um. Aber eine Wissenschaft ist lebendig, sie wächst, so wie eine Pflanze, ein Baum.

Ein Baum wächst nicht nur mit Ast und Zweig, mit Blatt und Blüte und Frucht in die Höhe, sondern ebenso, nicht so sichtbar allen Augen, mit den Wurzeln, die ihm Halt geben, nach unten in ein festes Erdreich hinein.

Genau so bei der Mathematik: Es handelt sich um einen zweifachen, in der Zeit — hier nennen wir es Geschichte — sich abspielenden Vorgang. Neue Wissenszweige entwickeln sich an dem an Umfang zunehmenden Stamm, alte, noch lebensfähige Äste zeigen frische Triebe, anderes verkümmert und stirbt ab.

Dem entspricht aber eine immer weiter in die Tiefe dringende und ebenso mit neuen Begriffen in die Weite greifende Erforschung der Grundlagen. Aus anfangs zarten Wurzelansätzen wird fester Pfahl, wird weit ausgreifender Wurzelballen. Beides zusammen erst umfaßt das Ganze.

Geht sonst, in Lehre und Forschung, der Blick zur Höhe, handelt es sich um Überblick und Ausblick, so geht er diesmal in die Tiefe, zu den Grundlagen mathematischer Erkenntnis: Rückblick und Einblick ist die Losung!

Erstes Kapitel:
Die Logik im Aufbau der Mathematik

1. Grundbegriffe der Logik. Sehen wir uns das System der Schulmathematik oder irgendeinen Abschnitt daraus auf seine Grundbestandteile an, so drängt sich uns der Vergleich mit einem Bauwerk auf. Aus Definitionen und Lehrsätzen als den Bausteinen — so sagten wir eben — ist das ganze aufgerichtet; das aber, was diese einzelnen Bausteine verbindet, der Mörtel, ist die Logik. Es liegt nicht Lehrsatz an Lehrsatz, Definition an Definition lose nebeneinander, sondern die Logik macht die Lehrsätze zu Folgen anderer, die Definitionen zu Folgen anderer, bereits vorangegangener. Wollen wir also in das Wesen mathematischer Denkweise eindringen, dann müssen wir uns zunächst mit den Grundtatsachen der Logik vertraut machen.

Wir können nun hier allerdings kein ausführliches collegium logicum lesen, sondern nur diejenigen grundlegenden Dinge herausgreifen, die gerade für die Mathematik — aber natürlich nicht nur für diese — von Bedeutung sind; wir werden uns dabei in den Beispielen möglichst an die Mathematik halten.

Wir haben es in der Logik zunächst mit drei Grundbegriffen zu tun, mit Begriff, Urteil und Schluß. Was das Primäre ist, ob Begriff oder Urteil, ist schwer zu entscheiden. Wenn wir über den Begriff irgend etwas aussagen, wenn wir irgendeinen Begriff „definieren", dann sprechen wir Urteile aus. Also, sollte man meinen, ist das Primäre das Urteil. Aber wenn wir irgendwelche allgemeinen Urteile aussprechen, treten darin Begriffe auf — und so haben wir uns im Kreise gedreht. Wir werden, da man doch mit einem beginnen muß, die Erörterung des Begriffes voranstellen. Dann folgt die Behandlung des Urteils, da der Schluß, der mit Urteilen und Begriffen operiert, sicherlich an die dritte Stelle gehört.

2. Der Begriff. Wir fragen zunächst: Was ist ein Begriff? Durch unsere Sinne nehmen wir in großer Zahl Gegenstände wahr, bei denen wir gewisse Gleichheiten, gewisse Ähnlichkeiten feststellen derart, daß wir mehrere Gegenstände unter den gleichen Begriff fassen. Wir beobachten zahlreiche Einzelstühle und bilden daraus den Begriff Stuhl, indem wir von Besonderheiten des einzelnen

Gegenstandes, von Form, Farbe, Material u. dgl., abstrahieren. Das Wesentliche an der Begriffsbildung ist der Abstraktionsvorgang, das Absehen von gewissen Besonderheiten des einzelnen Gegenstandes, das Beschränken auf Gemeinsamkeiten einer größeren Menge.

Wesentlich für die Begriffsbildung ist jedoch nicht, wie aus unserem Beispiel gefolgert werden könnte, daß man von G e g e n - s t ä n d e n d e r S i n n e n w e l t ausgeht. Darüber, welcher Art die G e g e n s t ä n d e d e r M a t h e m a t i k, die Zahlen und Formen, sind, wollen wir hier zunächst noch nicht ausführlich handeln. Es ist für die vorliegende Frage gleichgültig, ob sie Objekte einer Sinneswahrnehmung oder einer inneren Anschauung oder keins von beiden sind, ich kann doch von einzelnen bestimmten mathematischen Dreiecken, Vierecken, Kreisen zum Begriff Dreieck, Viereck, Kreis fortschreiten, indem ich von besonderen, mir im Augenblick nicht wesentlich erscheinenden Eigenschaften absehe.

Wesentlich ist auch nicht, daß man von Gegenständen ausgeht, man kann z. B. auch von Eigenschaften aus zu Begriffsbildungen kommen. Durch Abstraktion der an verschiedenen Gegenständen festgestellten Eigenschaft „blau" kann ich zum Begriff „blau" kommen. So haben wir in der Mathematik auch mit Begriffen wie Symmetrie, Parallelität usf. zu tun.

Die für einen Begriff wesentlichen Merkmale machen seinen I n h a l t a u s. Der Begriff Stuhl ist inhaltsärmer als die Begriffe vierbeiniger Stuhl, Holzstuhl, diese wieder sind inhaltsärmer als der Begriff vierbeiniger Holzstuhl. Man sieht übrigens, daß es keineswegs nötig ist, einen Begriff durch nur ein einziges Wort auszudrücken; wie groß die Zahl der zur Umschreibung des Begriffes nötigen Worte ist, ist lediglich eine Angelegenheit der Sprache, in der der Begriff ausgedrückt wird. Es ist auch gar nicht etwa nötig, von Raum und Zeit abzusehen (der französische Stuhl der Rokokozeit).

Die Begriffe, mit denen es die Mathematik zu tun hat, können sehr allgemein und deshalb sehr inhaltsarm sein, wie etwa Element, Komplexion, Gruppe, Menge, Zahl, Existenz, Unmöglichkeit, Wahrscheinlichkeit. Sie können durch Hinzufügen von Merkmalen immer inhaltsreicher gemacht werden: Zahl, rationale Zahl, rationale ganze Zahl, gerade Zahl oder etwa Vieleck, ebenes Vieleck, ebenes konvexes Vieleck, ebenes Viereck, Parallelogramm, Rechteck, Quadrat, Quadrat mit 5 cm Seitenlänge.

Die Gesamtheit der Gegenstände bzw. Eigenschaften, die unter einen Begriff fallen, macht den U m f a n g des Begriffes aus. In der Mathematik wird diese Gesamtheit in der Regel unendlich groß sein. Ohne gleich auf die damit gegebenen Schwierigkeiten einzugehen, wird man doch verstehen, wenn man den Umfang des Begriffes Zahl größer nennt als den Umfang des Begriffes rationale Zahl und den Umfang des Begriffes rationale Zahl größer als den Umfang des Begriffes rationale ganze Zahl (obwohl, wie wir später [3. Kapitel, Abschnitt 18] sehen werden, beide Mengen abzählbar unendlich sind, wenn wir die Einzelzahl als Einzelgegenstand annehmen).

Eine Frage, die wir nicht erörtern wollen, weil sie nur auf Spitzfindigkeit hinauskommt, ist die, ob es Individualbegriffe gibt, also Begriffe, die nur den U m f a n g 1 haben. Ob ich neben einem räumlich und zeitlich genau festgelegten Dreieck, also einem bestimmten Gegenstand, noch den B e g r i f f dieses selben Gegenstandes einführe, ist für den Aufbau der Mathematik ziemlich nebensächlich.

Anders ist es mit der Frage, ob es auch Begriffe mit dem U m - f a n g N u l l gibt. Diese Frage ist unbedingt zu bejahen. Wenn ich von irgendeinem Begriff, etwa von einem gleichseitig rechtwinkligen Dreieck feststelle, ob es existiert, so muß ich doch mit ihm arbeiten; ich habe also den Begriff bereits gebildet, ehe ich feststelle, daß er in der ebenen euklidischen Geometrie den Umfang Null hat, während er in der sphärischen Geometrie den Umfang unendlich hat. Versteht man unter dem Begriff „Fermatsches Zahlentripel" ein Tripel dreier ganzer Zahlen x, y, z, die die Gleichung $x^n + y^n = z^n$, wo n ganzzahlig und > 2 ist, befriedigen, so weiß heute noch kein Mensch, obwohl sich Tausende mit diesem Begriff beschäftigt haben, ob er den Umfang Null hat oder nicht.

Auch die Entscheidung darüber, ob der U m f a n g e i n e s B e g r i f f e s u n e n d l i c h o d e r e n d l i c h ist, läßt sich oft nach dem gegenwärtigen Stande der Wissenschaft nicht fällen. Versteht man unter dem Begriff „Primzahlpärchen" solche Paare von Primzahlen, die sich nur um 2 unterscheiden, so weiß man heute noch nicht, ob es ihrer unendlich viele oder nur eine endliche Anzahl gibt. Ebenso weiß man z. B. nicht, ob es unendlich viele oder nur endlich viele jener für G a u ß bei seinen Vieleckskonstruktionen so wichtigen „Fermatsche Primzahlen" gibt, d. h. Primzahlen der Form $2^{(2^n)} + 1$.

3. Verhältnisse zweier Begriffe. Bei der Erklärung von Umfang und Begriff ist bereits auf den Vergleich zweier Begriffe eingegangen. Liegen zwei verschiedene Begriffe vor, so sind drei Fälle möglich:

a) Der eine Begriff fällt ganz unter den anderen. Das Verhältnis beider wird in Abb. 1 durch die sogenannten „Eulerschen Kreise" [die übrigens schon vor Euler[1]) zu solcher Veranschaulichung benutzt worden sind] angedeutet. Als Beispiele dienen etwa Parallelogramm und Viereck, ganze Zahl und rationale Zahl, Kombination und Komplexion, Axialsymmetrie und Symmetrie. Man sagt, der eine Begriff ist Unterbegriff des anderen, der andere Oberbegriff des einen. Der große Kreis in Abb. 1 stellt den Oberbegriff, der kleine den Unterbegriff dar.

b) Beide Begriffe haben nichts miteinander zu tun, d. h. es gibt keine Gegenstände bzw. Eigenschaften, die unter beide Begriffe

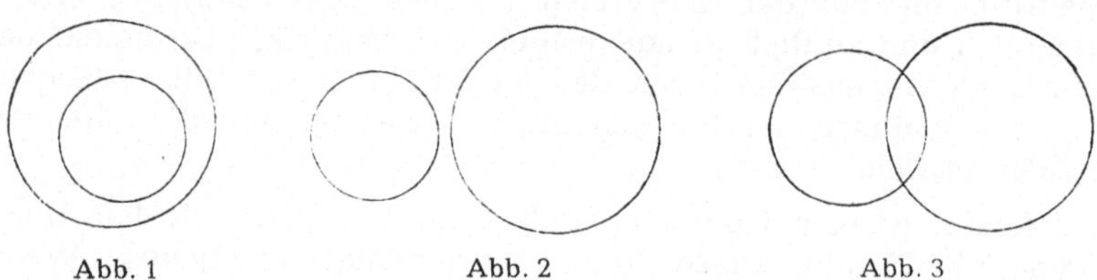

| Abb. 1 | Abb. 2 | Abb. 3 |

gleichzeitig fallen. Als Beispiele seien etwa Dreieck und Kreis, reelle und imaginäre (d. h. nichtreelle) Zahl genannt. Das geometrische Schema dazu gibt Abb. 2.

c) Außer den beiden genannten Fällen ist nun noch ein dritter möglich, daß nämlich einige, aber nicht alle unter den einen Begriff fallende Gegenstände bzw. Eigenschaften auch unter den anderen fallen. Das veranschaulicht Abb. 3. Als Beispiel diene etwa gleichseitiges Viereck (= Rhombus) und gleichwinkliges Viereck (= Rechteck). Die beiden Begriffen gemeinsamen Gegenstände bilden hier den neuen Begriff Quadrat.

Über Umfang und Inhalt von Begriffen pflegt man kurz folgenden Satz auszusprechen: Dem größeren Inhalt entspricht der kleinere Umfang und umgekehrt. Dieser Satz kann sich natürlich nicht auf irgend zwei beliebige Begriffe beziehen, die nichts miteinander zu tun haben, also auf Fall 2. Auch auf Fall 3 ist er nicht anwendbar. Genauer werden wir also sagen — und aus der Abb. 1 unmittelbar ablesen: Stehen zwei Begriffe im Verhältnis von Oberbegriff zu Unterbegriff, dann kommt demjenigen, der den größeren Inhalt hat, der kleinere (oder doch wenigstens ein nicht größerer) Umfang zu und umgekehrt.

---

[1]) Der in Basel geborene Mathematiker Leonhard Euler (1707—1783) war Mitglied der Akademie erst in Petersburg, dann in Berlin, dann wieder in Petersburg.

Unsere Veranschaulichung läßt erwarten, daß man dann, wenn zwei Begriffe im Verhältnis von Oberbegriff zu Unterbegriff stehen, immer genau angeben kann, ob irgendein Gegenstand, der dem Oberbegriff angehört, zum Unterbegriff gehört oder nicht. Das ist aber, wenn es auch die Regel sein wird, doch nicht immer der Fall. So ist z. B. ein Unterbegriff des Oberbegriffes „reelle Zahl" der Begriff „algebraische Zahl", d. h. der Inbegriff der Zahlen, die Wurzel einer Gleichung n-ten Grades mit rationalen Koeffizienten sein können. Beide Begriffe sind genau definiert. Ob aber die sicherlich reelle, also dem Oberbegriff angehörende Zahl $2^{\sqrt{2}}$ oder auch 2^{π} dem Unterbegriff angehört, also algebraisch ist, oder ob das nicht der Fall ist, das war bis vor kurzem unbekannt.

4. Begriffsreihen. Man hat es nicht immer nur mit dem gegenseitigen Verhältnis zweier Begriffe zu tun, sondern betrachtet, zumal auch in der Mathematik, ganze Begriffsreihen. Ein häufiges Vorkommen erläutere die Begriffsreihe: komplexe Zahl, reelle Zahl, rationale Zahl, natürliche Zahl, oder auch ebenes Viereck, Trapez, Parallelogramm, Rechteck, Quadrat. Die Beziehung, die hier vorliegt, bezeichnet man recht anschaulich als S c h a c h t e l u n g. In einer Schachtel steckt immer wieder eine kleinere Schachtel. Hier ist nun aber gleich eine andere Begriffsreihung anzuknüpfen. Da nicht alle komplexen Zahlen reell sind, entsteht das Bedürfnis, den Begriff der nicht reellen komplexen Zahlen zu bilden; wir nennen sie die imaginären Zahlen. Ebenso heißen die nicht rationalen reellen Zahlen irrationale Zahlen usf. So entsteht eine fortgesetzte D i c h o t o m i e, wie sie das Schema andeutet:

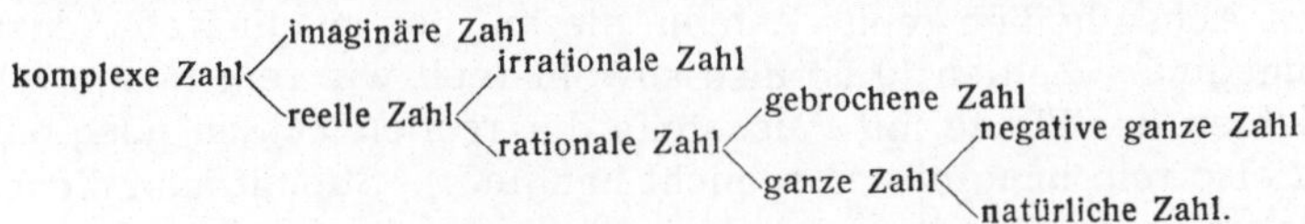

Mannigfaltig wird die Reihenbildung von Begriffen, wenn sich mehrere Einteilungsgrundsätze durchkreuzen. Den einfachsten Fall erläutere die Unterteilung des Begriffes P a r a l l e l o g r a m m. Man kann einmal Parallelogramme mit gleich langen Nachbarseiten und mit ungleich langen Nachbarseiten unterscheiden, man kann andererseits Parallelogramme mit gleich großen Nachbarwinkeln und mit ungleich großen Nachbarwinkeln unterscheiden. Läßt man diese beiden Einteilungsgrundsätze sich durchkreuzen, so hat man das Schema

1. Nachbarseiten ungleich, Nachbarwinkel ungleich: Parallelogramme mit Ausnahme der Rechtecke und Rhomben,

2. Nachbarseiten gleich, Nachbarwinkel ungleich: Rhomben mit Ausnahme der Quadrate,

3. Nachbarseiten ungleich, Nachbarwinkel gleich: Rechtecke mit Ausnahme der Quadrate,

4. Nachbarseiten gleich, Nachbarwinkel gleich: Quadrate.

Hier ist übrigens eine verschiedenartige Begriffsbestimmung im Rahmen der V i e r e c k s l e h r e zu kennzeichnen. Wir fassen das Verhältnis von Parallelogramm, Rechteck und Quadrat und ebenso von Parallelogramm, Rhombus und Quadrat als durch Schachtelung gegeben auf, so daß also das Rechteck auch ein Parallelogramm ist, jedoch mit dem besonderen Merkmal der Gleichheit zweier Nachbarwinkel und ebenso in den anderen Fällen. An sich ist auch die Fassung möglich, daß die Begriffe im Sinne der D i c h o t o m i e aufgespalten sind. Dann ist das Parallelogramm durch die Ungleichheit seiner Nachbarwinkel vom Rechteck getrennt, ebenso ist das Quadrat kein Rechteck, weil das Rechteck ungleiche, das Quadrat gleiche Seiten hat. In solchen Fällen, wie sie hier am Beispiel dieser Vierecksarten gekennzeichnet sind, muß genau bei der Einführung der Begriffe gesagt werden, ob Schachtelung oder Dichotomie vorliegt.

Nicht immer werden die Unterteilungen von Begriffen scharf genug formuliert. Die Gewohnheit sorgt dafür, daß in verschiedenen Gebieten der Mathematik — in anderen Disziplinen ist es noch weit schlimmer — verschiedene Auffassungen bestehen. Als Beispiel diene die Aufteilung des Begriffes der komplexen Zahl, die wir am besten gleich an Hand der Veranschaulichung in der G a u ß schen Zahlenebene vornehmen. Man nennt den Begriff aller Zahlen der Ebene komplexe Zahlen, die Zahlen auf der reellen Achse heißen reelle Zahlen, die auf der imaginären Achse rein imaginäre Zahlen (0 ist also sowohl reell wie rein imaginär), die Zahlen der Ebene mit Ausnahme der reellen Zahlen imaginär (0 ist also rein imaginär, aber nicht imaginär). Stimmt man dieser Gliederung der Begriffe zu, dann hat man also nicht in der Gleichungslehre von komplexen Wurzeln zu sprechen, wenn man nichtreelle meint, sondern von imaginären. Man darf auch nicht in der Arithmetik sagen, daß die Summe zweier imaginärer Zahlen wieder imaginär ist (sie kann auch reell sein); man meint vielmehr, daß die Summe zweier komplexer Zahlen wieder komplex ist.

5. Definitionen [1]). Wenn man Begriffe benutzt, muß man sich vorher darüber im Interesse der Eindeutigkeit verständigt haben, was man mit ihnen meint. Oft genügt schon der Name, weil es sich um

---

[1]) Vgl. hierzu W. D u b i s l a v , Die Definition, 3. Aufl., Leipzig 1931, Meiner.

allbekannte Begriffe handelt. Freilich gerade hier stehen zuweilen schwierige philosophische Fragen im Hintergrund. Jeder weiß — oder glaubt zu wissen — was Raum, Zeit, Existenz, Wirklichkeit, Gleichheit usf. ist, und doch ist eine Verständigung über diese Begriffe, sobald man tiefer dringt, notwendig und gibt Anlaß zu entscheidenden erkenntnistheoretischen Untersuchungen.

Man kann einen Begriff festlegen einmal durch Angabe seines Umfangs, zum andern durch Angabe seines Inhalts, d. h. also der kennzeichnenden Merkmale. Dabei wird man im allgemeinen auf bereits bekannte oder als bekannt vorausgesetzte Begriffe zurückgreifen müssen. So kann ich den Begriff des Kegelschnittes durch seinen Umfang definieren, indem ich angebe, daß Ellipse, Parabel, Hyperbel, die vorher schon erklärt sein mögen, ihn bilden.

Üblicher ist in der Mathematik die auf der Inhaltsbestimmung beruhende Art der Definition: Man gibt einen O b e r b e g r i f f u n d d i e b e s o n d e r e n M e r k m a l e an. Ein Parallelogramm ist ein Viereck mit parallelen Gegenseiten. Hier ist „Viereck" der als bekannt angesehene Oberbegriff; auch die als besondere Merkmale hingestellten Eigenschaften, hier die Parallelität der Gegenseiten, werden als bekannt vorausgesetzt.

Beschreibungen und genetische Definitionen sind im Grunde nur Abarten dieser Art der Definition durch „genus proximum" und „differentia specifica". Statt zu sagen, „das Dreieck ist eine Figur, welche usf." kann man auch sagen: „Das Dreieck hat usf." oder „Das Dreieck entsteht...", wobei das genus proximum „Figur" in beiden Fällen als selbstverständlich fortgelassen ist.

6. Einige Forderungen an die Definitionen. Die erste Vorbedingung für eine ausreichende Definition ist die, daß die Angabe der spezifischen Merkmale v o l l s t ä n d i g ist. Diese Forderung ist freilich nicht immer leicht zu erfüllen. So hat man z. B. lange Zeit angenommen, daß als spezifisches Merkmal des Begriffes der differenzierbaren Funktion die Eigenschaft der Stetigkeit ausreiche. Erst durch Gegenbeispiele, stetige Funktionen also, die nicht differenzierbar waren, wurde deutlich, daß das Merkmal der Stetigkeit nicht ausreichte.

Eine zweite Forderung, die man an eine Definition stellen kann, ist die, daß die spezifischen Eigenschaften voneinander u n a b h ä n g i g sind, mit anderen Worten, daß nicht eine der Eigenschaften ohne weiteres aus den anderen folgt. Man wird als spezifische Eigenschaften des Parallelogramms nicht gleichzeitig die Parallelität und die Gleichheit der Gegenseiten angeben, da ja eines von beiden ausreicht und das andere eine einfache Folge davon ist.

Freilich zeigt schon dieses Beispiel die Schwierigkeiten, die sich der Durchführung dieser zweiten Forderung entgegenstellen. Ein anderes Beispiel soll das noch deutlicher machen: Wenn ich die Ähnlichkeit von Dreiecken dadurch erkläre, daß Übereinstimmung in gleichliegenden Winkeln und im Verhältnis gleichliegender Seiten gefordert wird, so ist diese Zusammenstellung von insgesamt 6 oder, wenn man will, 5 Bedingungen überbestimmt. Trotzdem wird man gut tun, zunächst an dieser Aufzählung solcher voneinander abhängiger Merkmale festzuhalten, denn erst die Herleitung der vier Ähnlichkeitssätze lehrt uns nachher, daß eine und welche Mindestanzahl von Merkmalen für die Definition der Ähnlichkeit von Dreiecken erforderlich ist. Wer also etwa die Forderung aufstellt, die Unabhängigkeit der in die Definition eingehenden spezifischen Merkmale müsse gewährleistet werden, der muß bereits das an die neue Definition anschließende Lehrsatzsystem überblicken, ehe er an die Formulierung der Eingangsdefinition geht.

Eine dritte Forderung ist schließlich die, daß man zwischen den spezifischen Merkmalen Widersprüche vermeiden muß. Man kann nicht in der euklidischen Geometrie den Begriff des rechtwinklig-gleichseitigen Dreiecks einführen — es sei denn, daß man sich sagt, daß der Umfang dieses Begriffes Null ist. Nun liegt die Erkenntnis von solchen Widersprüchen durchaus nicht immer so auf der Hand, wie hier. Wir werden später in der Mengenlehre Beispiele von Begriffen kennenlernen, die an sich ganz vernünftig aussehen, aber doch in sich widerspruchsvoll sind.

Manchmal werden für den gleichen Begriff mehrere Definitionen gegeben. Dann ist es unbedingtes Erfordernis, die Identität beider Definitionen nachzuweisen. Wir werden darauf ausführlicher in anderem Zusammmhange (Nr. 25) zurückkommen.

An sich ist die Wahl der Definition, mit anderen Worten also die Entscheidung darüber, was man als Oberbegriff nimmt, was als besondere Merkmale, willkürlich. Ein Parallelogramm kann ich ebensogut als Viereck mit parallelen wie mit gleichen Gegenseiten erklären. Zweckmäßigkeit, Einfachheit, nicht selten auch Gewohnheit geben den Ausschlag. Von ganz besonderer Bedeutung ist die Zweckmäßigkeit. Wie man a^0, a^{-n} definiert, wie die Multiplikation negativer Zahlen usf., das wird durch das als Permanenzprinzip bekannte Zweckmäßigkeitsgesetz geradezu eindeutig entschieden, wie denn überhaupt das sogenannte Gesetz von der Ökonomie des Denkens gerade für die Definitionen maßgebend ist.

Es ist aus diesem Grunde empfehlenswert, manchen Definitionen eine Erläuterung beizufügen, warum man gerade diese und nicht eine andere Erfassung des Begriffes gewählt hat. Unter dem Winkel zweier windschiefer Geraden versteht man den Winkel, der entsteht, wenn man durch irgendeinen Punkt des Raumes Parallelen zu den Geraden zieht. Man würde diese Definition gar nicht gewählt haben, wenn nicht a l l e auf diese Weise als Maß des eingeführten Winkels sich ergebenden ebenen Winkel sich als gleich groß erweisen würden, wenn also die durch diese Definition festgelegte Maßbestimmung nicht eindeutig wäre, gleichgültig, wo der beliebige Raumpunkt liegt. Man sieht auch an diesem Beispiel, daß die Fassung eines Begriffes durch seine Definition bereits die in späteren Lehrsätzen formulierten weiteren Eigenschaften voraussetzt (vgl. dazu Nr. 25).

7. Erweiterung von Definitionen. Der Begriff der P r o p o r - t i o n kann so definiert werden: Es ist

$$(1) \qquad a : b = c : d,$$

wenn t so existiert, daß $a = t \cdot c$, $b = t \cdot d$ ist. So ist beispielsweise in $4 : 6 = 2 : 3$ der Proportionalitätsfaktor $t = 2$. Das geht aber, soweit man sich im Bereiche der positiven rationalen Zahlen bewegt, nur solange eben eine solche Zahl t existiert. Das ist der Fall, wenn a und b k o m m e n s u r a b e l sind, d. h. ein gemeinsames Maß haben. Um sich von dieser Einschränkung frei zu machen, haben schon die Griechen folgende ganz anders aussehende Definition aufgestellt: (1) gilt, wenn für irgend zwei positive Zahlen u und v aus

$$u\, a > v\, b \text{ auch } u\, c > v\, d,$$
$$u\, a = v\, b \text{ auch } u\, c = v\, d,$$
$$u\, a < v\, b \text{ auch } u\, c < v\, d$$

folgt. Liegt etwa die Proportion

$$(2) \qquad 4 : 6 = 2 : 3$$

vor, dann folgt aus

$$4\, u > 6\, v \text{ auch } 2\, u > 3\, v,$$
$$4\, u = 6\, v \text{ auch } 2\, u = 3\, v,$$
$$4\, u < 6\, v \text{ auch } 2\, u < 3\, v.$$

Aber auch bei der Proportion

$$(3) \qquad 1 : \sqrt{2} = \sqrt{2} : 2,$$

in der ja eine rationale Zahl t so, daß $1 = t \cdot \sqrt{2}$ ist, nicht existiert, folgt aus

$$u > \sqrt{2} \cdot v \text{ auch } \sqrt{2}\, u > 2\, v,$$
$$u = \sqrt{2} \cdot v \text{ auch } \sqrt{2}\, u = 2\, v,$$
$$u < \sqrt{2} \cdot v \text{ auch } \sqrt{2}\, u < 2\, v.$$

Erweiterungen von Definitionen, wie sie dieses Beispiel zeigt, sind in der Mathematik überaus häufig, es sei nur an die erst am rechtwinkligen Dreieck eingeführten, auf spitze Winkel beschränkten trigonometrischen Funktionen erinnert, die danach für beliebige positive und negative Winkel definiert werden. Immer ist dabei der Nachweis erforderlich, daß der neue Definitionsbereich den alten umfaßt und da mit der alten Definition sich deckt.

8. Einführung idealer Elemente. Man trifft zuweilen bei mathematischen Lehrsätzen auf unangenehme Sonderfälle, für die der Inhalt der Sätze nicht zutrifft. Dann muß man mit Fallunterscheidungen arbeiten, die schwerfällig sind. Das typische Beispiel ist die oft mißverstandene Einführung der sogenannten u n e n d - l i c h f e r n e n Elemente von Gerade, Ebene und Raum; andere nennen sie vorsichtiger u n e i g e n t l i c h e Punkte, Geraden, Ebene. Die üblichen Verknüpfungssätze, z. B. zwei Geraden schneiden sich in einem Punkte, oder zwei Ebenen schneiden sich in einer Geraden, treffen in dem Sonderfall nicht zu, daß die Geraden, daß die Ebenen parallel sind. Die Einführung des unendlich fernen Punktes der Geraden, der unendlich fernen Geraden der Ebene beseitigt diesen Schönheitsfehler. Man hat damit freilich nur „ideale" Elemente geschaffen, die tatsächlich nicht existieren. Eigentlich hat man im Sonderfall der Parallelität eben keinen Schnittpunkt im Endlichen, sondern eben Parallelität. Um es banal deutlich zu machen: Die Korporationsstudenten hatten die Regel: Bei kalten Speisen behält man die Mütze auf, bei warmen setzt man sie ab. Dazu kam aber der Sonderfall: Warme Würstchen sind eine kalte Speise.

Nicht immer ist die Einführung idealer Elemente so offensichtlich wie in unserem Beispiel. Man kann auch die k o m - p l e x e n Z a h l e n in der Algebra auffassen als ideale Zahlen, die die Unmöglichkeit der Aufspaltung eines Polynoms in lineare Faktoren beseitigen, indem sie nämlich die im Reellen verbleibenden quadratischen Faktoren noch weiter in lineare Faktoren, aber mit komplexen Zahlen, aufzuspalten gestatten.

Im Bereich der ganzen Zahlen ist die Zerlegung in Primfaktoren eindeutig. Im Bereich algebraischer Zahlkörper, die durch Hinzufügung algebraischer Zahlen zu den rationalen Zahlen entstehen, zeigte sich nun, daß diese Eindeutigkeit im allgemeinen nicht gewährleistet ist. Man erzwingt die Eindeutigkeit durch Einführung idealer Elemente, die in diesem Falle geradezu als I d e a l e benannt werden.

9. Definitionsfehler. Es waren eben schon (Nr. 6) einige Definitionsfehler angegeben worden: Unvollständigkeit der Merkmale, Widerspruch zwischen ihnen.

Da ist zunächst Vorsicht am Platze, wenn man einen Begriff dadurch definiert, daß man sagt, was für Merkmale er n i c h t hat. Wenn E u k l i d definiert: „Ein Punkt ist, was keinen Teil hat", dann ist auch ein Atom, ein Elektron, eine Primzahl oder was man sonst noch heranbringen kann, ein Punkt. An sich läßt sich eine Definition sehr wohl durch die Angabe des Fehlens bestimmter Merkmale geben: So steht dem Begriff Viereck ein Begriff „Nichtviereck" gegenüber, der alle Gegenstände umfaßt, die nicht Vierecke sind, allgemein kann man jedem Begriff A einen Begriff „Nicht-A", geschrieben vielfach $\bar{A}$, gegenüberstellen. Aber gerade hier besteht, wie das Beispiel von E u k l i d zeigt, die Gefahr, daß die Angabe der Merkmale unvollständig ist.

Einen anderen gar nicht seltenen Definitionsfehler mag uns E u k l i d s   G e r a d e n - Definition lehren. E u k l i d [1]) sagt:

$$\varepsilon \vartheta \varepsilon \tilde{\iota} a \ \gamma \varrho a \mu \mu \dot{\eta} \ \dot{\varepsilon} \sigma \tau \iota \nu, \ \ddot{\eta} \tau \tilde{\iota} \varsigma \ \dot{\varepsilon} \xi \ \check{\iota} \sigma \upsilon \ \tau o \tilde{\iota} \varsigma \ \dot{\varepsilon} \dot{\varphi} \ \dot{\varepsilon} a \upsilon \tau \tilde{\eta} \varsigma \ \sigma \eta \mu \varepsilon \dot{\iota} o \iota \varsigma \ \varkappa \varepsilon \tilde{\iota} \tau a \iota,$$

was H e i b e r g in seiner E u k l i d - Ausgabe ins Lateinische überträgt: recta linea est, quaecunque ex aequo punctis in ea sitis iacet. Ins Deutsche übersetzt das C. T h a e r : Eine gerade Linie (Strecke) ist eine solche, die zu den Punkten auf ihr gleichmäßig liegt.

Faßt man das so auf, daß sie in sich verschiebbar ist, dann hat die gleiche Eigenschaft der Kreisbogen — weshalb der in einer Scheide steckende Säbel wie der türkische auch kreisförmig sein kann — und läßt man auch Raumfiguren hinzu, dann kommt die „Wendel", eine räumliche Spirale, noch hinzu. — Diese Sorte Säbel kommt in praxi wohl nicht vor, wohl aber gehört dahin der Korkzieher. Die angegebene Eigenschaft genügt also nicht, die Gerade aus der Mannigfaltigkeit der Kurven eindeutig herauszuheben.

Recht häufig sind Tautologien, d. h. Umschreibungen des zu definierenden Begriffes, namentlich wenn der Begriff durch ein Fremdwort benannt und als Merkmal die durch Verdeutschung gewonnene entsprechende Eigenschaft angegeben ist. „Die Tangente eines Kreises ist eine Gerade, die den Kreis berührt."

Nicht immer ganz leicht ist die Entlarvung von Zirkeldefinitionen. Wenn man die Kongruenz auf die starre Bewegung zurückführt, fällt man in eine Zirkeldefinition, wenn man nun die starre Bewegung dadurch erklärt, daß bei ihr irgend drei Punkte

---

[1]) E u k l i d , Verfasser der „Elemente", um 325 v. Chr., lehrte an der Universität Alexandria.

vorher und nachher in kongruenter Lage geblieben sind. Daß man für den Begriff der geraden Strecke als wesentliches Merkmal das der kürzesten Verbindungslinie anführt, läßt die Frage nach der Längenmessung auftauchen, die nun ihrerseits aber sich auf den Begriff der Geraden stützt.

Daß auch Widerspruchsfreiheit von Definitionen keine Selbstverständlichkeit ist, mögen zwei Beispiele belegen. Wir definieren: „Der Dorfbarbier ist der Mann im Dorf, der alle Männer im Dorf, die sich nicht selbst rasieren, rasiert." Frage: Rasiert sich der Barbier selber? Angenommen, er rasiert sich selber, dann darf er sich nach der Definition nicht rasieren. Also liegt bei dieser Annahme ein Widerspruch vor. Bleibt nur übrig, daß er sich nicht rasiert. Dann soll er sich aber gerade nach der Definition rasieren, also auch hier ist ein Widerspruch vorhanden.

Das andere Beispiel: Es gibt Eigenschaftswörter, die das, was sie bedeuten, auch sind, z. B. deutsch, kurz, dreisilbig. Sie mögen autologisch heißen. Die anderen Eigenschaftswörter dagegen sind nicht, was sie bedeuten, so z. B. französisch, lang, viersilbig. Sie mögen heterologisch heißen. Frage: Ist das Eigenschaftswort heterologisch heterologisch oder autologisch? Ist heterologisch heterologisch, dann ist es autologisch. Das ist ein Widerspruch; wir müssen diese Annahme fallen lassen. Es bleibt nur übrig, heterologisch ist autologisch, dann ist es also heterologisch. Auch diese Annahme führt auf einen Widerspruch.

Zum Schluß eine Warnung! Sie knüpfe an P l a t o s[1]) im Theätet zur Sprache kommende ἐπιστήμη επιστήμης an, an „das Wissen des Wissens". Man sieht, dieser Begriff führt sofort auf einen regressus in infinitum. Es gibt ja dann auch „das Wissen des Wissens des Wissens" usf., und damit ist diese Begriffsbildung ad absurdum geführt. Man hüte sich also, z. B. vom Begriff des Begriffes zu sprechen, wo man das Wesen des Begriffes meint. Der Mathematiker mag also z. B. bei der Menge aller Mengen vorsichtig sein!

10. Namen und Zeichen für Begriffe. Für eine Verständigung über Begriffe ist von entscheidender Wichtigkeit ihre Benennung. Man kann für einen Begriff ein Wort (geschrieben oder gesprochen) setzen, wie etwa Parallelogramm, Menge, Zahl, oder auch wohl eine Gesamtheit von Worten, wie etwa regelmäßiges Vieleck, Anzahl der Variationen mit Wiederholung, positive ganze Zahlen.

Dabei ist für eine eindeutige Zuordnung von Begriff und Wort Sorge zu tragen. Diese Forderung ist im täglichen Leben durchaus

---

[1]) Der Philosoph P l a t o (429—349 oder 348 v. Chr.) lehrte in Athen.

nicht immer erfüllt. Aber auch in den Wissenschaften haben viele Streitigkeiten, Mißverständnisse und Fehlschlüsse ihren Grund in mangelnder Eindeutigkeit der Begriffsbenennung. Selbst scheinbar so klare Worte wie Raum, Existenz, Gegenstand, Ding, Wirklichkeit können ganz verschiedene Begriffe bezeichnen, je nachdem sie sich auf sinnliche Erfahrung, reine Anschauung oder nur auf mögliche Bewußtseinsinhalte beziehen.

In der Mathematik pflegt man auf die eindeutige Zuordnung von Begriff und Wort sorgfältig zu achten, doch gibt es auch hier Beispiele von Worten, denen mehrere Begriffe entsprechen. Das Wort W u r z e l ist das eine Mal mit einer der Umkehrungen der Potenzierung, dem Radizieren, verknüpft, das andere Mal aber auch in weit allgemeinerem Sinne mit der Lösung aller Gleichungen. Das Wort Potenz bezeichnet in der Arithmetik und in der Geometrie grundverschiedene Begriffe. — Mit der Höhe eines Dreiecks wird manchmal eine Strecke, manchmal eine Gerade bezeichnet. Ob mit der Tangente von einem Punkt an den Kreis die Strecke bis zum Berührungspunkt oder der Strahl vom Berührungspunkt aus oder die ganze Gerade gemeint ist, ist aus dem Wort allein nicht abzulesen. Oft wird trotz solcher Vieldeutigkeit ohne weiteres klar sein, welcher Begriff gemeint ist; in Zweifelsfällen aber muß ausdrücklich gesagt werden, worum es sich handelt.

Für die Wahl des Wortes sind Zweckmäßigkeitsgründe maßgebend; trotzdem herrscht manchmal keine Einigkeit. Ich erinnere nur an die vielen Namen für die Winkel an zwei von einer Geraden geschnittenen Parallelen. Bedenklicher ist es schon, wenn der Zoologe eine Schraube rechtsgewunden nennt, die der Botaniker als linksgewunden bezeichnet.

Eine besondere Eigenart des Mathematikers ist es, im schriftlichen Ausdruck für manche Begriffe Symbole zu setzen. Die Zahlzeichen gehören dahin, dann die Buchstabenbezeichnungen für Zahlen, Punkte, Geraden, Ebenen, Mengen usf., die Symbole für Dreiecke, Winkel, Strecken; in manchen Ländern geht man darin sehr weit, indem man auch für Parallelogramme, Quadrate, Würfel usf. Zeichen einführt. Von ganz besonderer Wichtigkeit sind die verschiedenen Operationssymbole, von denen gleich noch zu sprechen ist.

Gerade in der weit durchgeführten Operationssymbolik, in dieser Ausbildung einer eigenen mathematischen Sprache, liegt einer der Gründe, daß die Eindeutigkeit zwischen den Begriffen und den Relationen einerseits und der Darstellung dieser Sachlage andererseits in der Mathematik so gut gewährleistet ist.

Eine Verallgemeinerung der Begriffe stellen die Relationen dar, die eine Beziehung zwischen zwei oder mehreren Gegenständen herstellen. Die Gegenstände können selbst wieder Begriffe sein. Man pflegt die Relationen in der Mathematik mit Vorliebe durch Symbole wiederzugeben. Die Zeichen $=$, $+$, $-$, $\cdot$, $:$, $<$, $>$, $\|$, $\pm$, $\cong$, $\sim$ und viele andere gehören hierher, auch $f(x)$, $\sin x$, a^x, $\frac{dy}{dx}$, $\int y\, dx$ usf.

Im allgemeinen haben die Symbole internationale Geltung, manchmal fehlt noch vollkommene Übereinstimmung. Statt des Zeichens $:$ hat der Engländer und Amerikaner $\div$, der auch die Proportion anders wie wir, nämlich $a : b :: c : d$ schreibt; Dezimalbrüche werden in Deutschland, Österreich, England verschieden bezeichnet. Ganze Gebiete, wie etwa die darstellende Geometrie, die projektive Geometrie, die Vektoranalysis sind noch nicht bis zu einer allgemein anerkannten Symbolik vorgeschritten.

In den letzten Jahrzehnten mehren sich die Bestrebungen, auch die Relationen in der Logik durch symbolische Schreibung wiederzugeben. Ansätze dazu finden sich auch in der Elementarmathematik, so, wenn man die durch das Wort „folglich" wiedergegebene Relation von Urteilen durch das Zeichen $\therefore$ (in England und Amerika) oder durch einen Strich unter einer vorausgegangenen, symbolisch geschriebenen Aussage bezeichnet. Man kann den „Logikkalkül" so weit treiben, daß man alle Worte vermeidet und nur noch Symbole schreibt und mit ihnen ebenso „rechnet", wie mit den Buchstabenzeichen und Rechenoperationssymbolen in der Arithmetik[1]). Am Schluß dieses Kapitels wollen wir wenigstens eine Einführung in die Grundlehren der „Logistik" geben.

11. Urteil. Ein Urteil ist eine Aussage, eine Behauptung; ob sie richtig oder falsch ist, ist für diese Begriffsbestimmung an sich gleichgültig. Auch die Behauptung „der Kreis ist viereckig" ist ein Urteil, wenn auch ein falsches. In einem Urteil werden zwei Gegenstände oder Begriffe zueinander in Beziehung gesetzt, das Subjekt und das Prädikat. Die Verbindung wird durch eine Kopula hergestellt (also etwa: das Quadrat i s t gleichseitig) oder der Prädikatsbegriff verbirgt sich in der Verbform (z. B. die Sinusreihe k o n v e r g i e r t).

Wir wollen zunächst die im vorstehenden erklärten einfachen Urteile, die man auf die Formel „A ist B" bringen kann, wo A und B Gegenstände oder Begriffe sind, näher betrachten.

---

[1]) Eine Einführung gibt H. B e h m a n n : Mathematik und Logik (Mathematisch-physikalische Bibliothek Bd. 71). Leipzig 1927, B. G. Teubner.

Man pflegt die Urteile zunächst in bejahende und verneinende Urteile einzuteilen, wenngleich im Grunde diese Unterscheidung vermeidbar ist. Wenn ich das Urteil habe, „der Kreis ist nicht viereckig", so kann ich den Sachverhalt sehr wohl so auffassen, daß der Begriff „Kreis" als Subjektbegriff mit dem Begriffe „nicht viereckig" als Prädikatsbegriff zusammengebracht wird. Aber für den logischen Tatbestand ist Bejahung und Verneinung von Bedeutung, also wollen wir die Unterscheidung beibehalten.

Eine zweite Einteilung der Urteile ist die in allgemeine (z. B. alle gleichseitigen Dreiecke sind gleichwinklig) und nicht allgemeine oder besondere (z. B. einige gleichschenklige Dreiecke sind gleichseitig).

Durch die Kreuzung dieser beiden Paare von Urteilsarten erhalten wir vier verschiedene Gruppen von Urteilen:

a) allgemeine bejahende, wie etwa „alle Quadrate sind Rechtecke",

b) besondere bejahende, wie etwa „einige Rechtecke sind Quadrate",

c) allgemeine verneinende, wie etwa „ein Quadrat ist nicht ein Dreieck",

d) besondere verneinende, wie etwa „einige Rechtecke sind nicht Quadrate".

Veranschaulicht man die Beziehung von Subjektbegriff und Prädikatsbegriff wieder durch Kreise, so wird im Falle a) der Subjektkreis ganz im Prädikatskreis liegen, im Falle c) ganz außerhalb, während für die beiden noch übrig bleibenden Fälle sich das Bild der sich schneidenden Kreise bietet (vgl. die Abb. 1 bis 3).

12. Andere Arten von Urteilen. Lediglich eine Zusammenziehung mehrerer einfacher Urteile bedeutet das z u s a m m e n g e s e t z t e Urteil. Man sagt eben kürzer A_1 und A_2 und A_3 usf. bis A_n sind B, statt A_1 ist B, A_2 ist B, usf. A_n ist B.

Scheinbar zwei oder mehr Gegenstände oder Begriffe verbinden die in der Mathematik überaus häufigen R e l a t i o n s u r t e i l e. Wenn es heißt $a = b$ oder $a < b$ oder dergleichen, so haben wir außer den beiden Begriffen, die in Verbindung gebracht werden, noch die Relation der Gleichheit, des Kleinerseins, der Ähnlichkeit, der Kongruenz usf. Anfänger in der Mathematik pflegen nicht selten auch hier einen Begriff fortzulassen: „Das Dreieck $A B C$ ist ähnlich". Ich pflege dann die Geschichte der Zwillinge Karl und Otto zu erzählen, die einander so ähnlich sind, „besonders der Otto". Auch die Scherzfrage gehört hierher: Welches ist der Unterschied zwischen einem Nilpferd? Antwort: Das Nilpferd ist auf dem Lande sehr unbeholfen, aber im Wasser sehr behende. Im ersten Falle, bei den Relationsurteilen, handelte es sich um ein Prädikat, eine Aussage, zu der zwei (oder mindestens zwei) Subjekte gehören, im zweiten Fall um ein Subjekt, zu dem zwei Prädikate gehören.

Die mathematische Logik hat auf das Studium solcher Relationsurteile viel Arbeit verwandt[1]). An sich können auch diese Urteile, wenn man will, unter den Begriff des einfachen Urteiles gebracht werden: Subjekt ist der Begriff des Zahlen p a a r e s, des Dreiecks p a a r e s, Prädikat ist der Begriff der Gleichheit, der Ähnlichkeit usf. Bleibt man aber bei der Fassung als Relationsurteil stehen, so überschreitet man damit die Grenzen der üblichen aristotelischen Logik.

Vier Gegenstände oder Begriffe werden miteinander in Verbindung gebracht beim h y p o t h e t i s c h e n Urteile. Die Form ist: „Wenn $A B$ ist, dann ist $C D$". Auch diese Urteile sind uns in der Mathematik dauernd begegnet. Ja strenggenommen hat z. B. die ganze Geometrie diesen hypotetischen Charakter. Wenn wir sagen, „die Dreieckswinkelsumme ist zwei Rechte", so ist eigentlich hinzuzufügen, „wenn die Dreiecksebene euklidisch angenommen wird" (auf diese Tatsachen selbst kommen wir im nächsten Kapitel ausführlich zurück). Man sieht gerade an diesem Beispiel auch wieder, daß es sich letzten Endes doch um ein einfaches Urteil handelt; ich brauche zum Begriffe „Winkelsumme des Dreiecks" nur hinzuzufügen „in der euklidischen Ebene", ich kann also gewissermaßen den Vordersatz des hypothetischen Urteils noch in den Subjektsbegriff hineinpacken, wenn das auch sprachlich nicht immer ganz einfach ist.

13. Art und Herkunft der Urteile. Sehen wir uns die Urteile auf den Grad ihrer Zuverlässigkeit an, so müssen wir neben die gewissen — seien sie nun bejahend oder verneinend — die w a h r s c h e i n l i c h e n Urteile stellen. Die letztere Gruppe spielt in den Erfahrungswissenschaften ebenso wie im täglichen Leben eine weit größere Rolle, als man gemeinhin annimmt. Daß die Mathematik nicht notwendig gewisse Urteile als Ausgangspunkt nehmen muß, sondern auch an wahrscheinliche Urteile anknüpfen kann, zeigt die Wahrscheinlichkeitslehre.

Eine grundlegende Unterscheidung der einfachen Urteile ist diejenige in a n a l y t i s c h e und s y n t h e t i s c h e. Wird ein Subjektbegriff mit einem Merkmal als Prädikatsbegriff versehen, das ihm kraft Definition bereits zukommt, so heißt das Urteil

---

[1]) Eine gemeinverständliche Einführung gibt B. R u s s e l : Einführung in die mathematische Philosophie, München 1923, Drei Masken Verlag.

analytisch. Allgemein könnte man sagen, daß bei einem analytischen Urteil die Richtigkeit aus rein logischen Gründen folgt. Wenn ich also z. B. das Quadrat als Rechteck mit gleichen Seiten definiert habe, so ist das Urteil „das Quadrat hat vier gleiche Seiten" analytisch, aber auch das Urteil „das Quadrat hat vier rechte Winkel" ist analytisch, denn diese Tatsache steckt kraft Definition des Begriffes Rechteck bereits in der Definition des Quadrats. Ein synthetisches Urteil hingegen verbindet mit dem Subjekt ein Prädikat, das mit der Definition des Subjektes an sich nichts zu tun hat. So ist z. B. das Urteil „Das Zimmer ist warm" synthetisch, denn der Begriff der Wärme hat mit dem Gegenstand Zimmer definitionsgemäß nichts zu tun.

Urteile stammen entweder aus der Erfahrung, man nennt sie dann a posteriori, oder sie sind unabhängig von der Erfahrung durch einen reinen Denkprozeß gewonnen, sie heißen dann a priori. So sind analytische Urteile a priori, synthetische im allgemeinen a posteriori. Berühmt ist die Untersuchung der Frage, ob es auch synthetische Urteile a priori gibt; es ist das Problem, das den Ausgangspunkt zu K a n t s Kritik der reinen Vernunft gegeben hat. K a n t bejaht die Frage und stellt sich die Aufgabe, den Bereich dieser synthetischen Urteile a priori vollständig zu erforschen.

14. Vier logische Grundgesetze. Man pflegt in der klassischen Logik über Begriffe und Urteile vier logische Grundgesetze auszusprechen:

a) Das G e s e t z d e r I d e n t i t ä t besagt, daß ein Begriff sich selbst gleich ist, in Worten A ist A, in Zeichen $A = A$. Man darf also, wenn zwei Begriffe A und B identisch sind, den einen Begriff an die Stelle des anderen setzen. Daraus folgt also u. a. auch die „Kommutativität", die ich in die Form fassen kann: Aus $A = B$ folgt $B = A$, und es folgt die „Transitivität", die ich in die Form fassen kann: Wenn $A = B$ und $A = C$ ist, dann ist $B = C$.

Bei der Anwendung dieser Identitätsgesetze wird sehr oft der Fehler gemacht, daß man, durch Worte, Symbole, ungenügende Erklärungen und dgl. verleitet, Begriffe als gleich ansieht, die es in Wirklichkeit nicht sind. Man darf z. B. nicht daraus, daß man sowohl die als geometrischen Ort planimetrisch definierte besondere Kurve als Parabel bezeichnet und ebenso die als Schnitt gewisser Art durch den geraden Kreiskegel definierte Figur als Parabel definiert, die Identität beider Begriffe, lediglich weil für beide Begriffe dasselbe Wort benutzt wird, als selbstverständlich ansehen; es bedarf dazu ausdrücklicher Untersuchungen.

In der Mathematik ist man um die Erfüllung der Vorbedingungen des Identitätsgesetzes ängstlich besorgt. Dagegen haben im täglichen Leben, aber auch in weniger streng begründeten Wissenschaften, viele Irrtümer ihren Ursprung darin, daß man aus der gleichen Wortbezeichnung auf Identität der Begriffe selbst schließt.

b) A und B seien zwei Begriffe; wenn dann das Urteil gilt „A ist B", dann gilt n i c h t das Urteil „A ist nicht B", und wenn das Urteil gilt „A ist nicht B", dann gilt n i c h t das Urteil „A ist B". Man kann aus diesem G e s e t z d e s W i d e r s p r u c h e s also aus irgendeinem Urteil, sei es bejahend oder verneinend, die Nichtgültigkeit eines anderen Urteils folgern.

c) Als G e s e t z d e s a u s g e s c h l o s s e n e n D r i t t e n (tertium non datur) bezeichnet man die Tatsache, daß von den Urteilen „A ist B" und „A ist nicht B" eines wahr sein muß.

Wir wollen noch einmal deutlich den Unterschied dieses Satzes von dem des Widerspruches hervorheben. Der Satz des Widerspruches besagt: Von den beiden Sätzen „A ist B" und „A ist nicht B" k a n n nur einer richtig sein. Der Satz vom ausgeschlossenen Dritten sagt: Es m u ß einer richtig sein.

Es gibt Logiker, die dieses Gesetz nicht als allgemeingültig anerkennen; sie sagen: Es gäbe zwischen dem „A ist B" und „A ist nicht B" noch eine dritte Möglichkeit, nämlich die, daß eine Entscheidung nicht möglich ist. Diese Richtung verbannt also auch aus der Mathematik alle Anwendungen des Gesetzes vom ausgeschlossenen Dritten; die Folge ist, daß die Mathematik dieser „Intuitionisten" in entscheidenden Punkten ganz anders aussieht wie die Mathematik der „Formalisten", die dieses Gesetz uneingeschränkt zulassen. — Übrigens spielt dieser Gegensatz nur dort eine Rolle, wo der Begriff des Unendlichen hineinspielt.

d) Das vierte Denkgesetz, mit dessen bloßer Nennung wir uns begnügen wollen, besagt: Jedes Urteil muß einen z u r e i c h e n d e n G r u n d haben.

Die Bedeutung dieser vier — oder wenn man will drei — Denkgesetze besteht darin, daß hier auf die Wahrheit oder Falschheit von Urteilen eingegangen wird. Die Lehre von Urteilen an sich kümmert sich zunächst nicht darum, ob ein Urteil wahr oder falsch ist, sie handelt von Urteilen „der Kreis ist rund" ebenso wie von Urteilen „der Kreis ist viereckig"; die angegebenen Denkgesetze dienen hingegen ausgesprochen der Richtigkeit in der Herleitung von Urteilen. Von ganz besonderer Bedeutung ist der im zweiten und dritten Gesetz auftretende Begriff des Widerspruchs. Zu irgendeinem Urteil U gibt es ein ihm widersprechendes Urteil $\overline{U}$. Jede Wissenschaft muß sich aufs äußerste hüten, daß im Gefolge ihrer zu Recht bestehenden Urteile, ihrer Lehrsätze, irgend zwei einander widersprechen.

15. Unmittelbare Schlüsse. Wenn S der Subjektbegriff, P der Prädikatbegriff eines Urteils ist, so pflegt man symbolisch ein

allgemein bejahendes Urteil durch ein a,

besonderes bejahendes Urteil durch ein i,

allgemeines verneinendes Urteil durch ein e,

besonderes verneinendes Urteil durch ein o

zwischen Subjekt- und Prädikatbegriff anzudeuten. So heißt also etwa $S\,a\,P$ „Alle S sind P" oder $S\,o\,P$ „Einige S sind nicht P".

Wenn nun irgendein Urteil vorliegt, so lassen sich daraus unmittelbar andere Schlüsse ziehen. So folgt z. B. aus

$$S\,a\,P$$

unmittelbar

$$P\,i\,S;$$

als Beispiel diene:

„Alle gleichseitigen Dreiecke sind gleichschenklig", folglich: „Einige gleichschenklige Dreiecke sind gleichseitig."

Solche unmittelbaren Schlüsse, die vollständig aufzusuchen Aufgabe der Logik ist, ergeben sich auch dadurch, daß ich die Gegenteile der im Ausgangsurteil auftretenden Begriffe mit heranziehe. Bezeichne ich das Gegenteil von P mit $\overline{P}$, so folgt aus

$$S\,a\,P$$

auch

$$\overline{P}\,e\,S,$$

wie das folgende Beispiel belegt:

„Alle gleichseitigen Dreiecke sind gleichschenklig", folglich: „Kein ungleichschenkliges Dreieck ist gleichseitig."

Die Bedeutung solcher Umwandlungen eines Urteils in ein anderes, das an sich keinen Fortschritt in der Erkenntnis bringen kann, weil es ja nicht mehr aussagt, als das erste, liegt vornehmlich darin, daß ich einem Urteil die für den besonderen Fall passendste Gestalt geben kann.

16. Mittelbare Schlüsse. Wir wollen uns die häufigste Form der einfachen mittelbaren Schlüsse an einem Beispiel klarmachen. Es sind zwei Schlüsse gegeben, die P r ä m i s s e n, etwa

$$A\,a\,B$$
$$C\,a\,A$$

oder im Beispiel:

„Alle Parallelogramme haben gleiche Gegenseiten",

„alle Rechtecke sind Parallelogramme".

A heißt hier der **Mittelbegriff**, es ist im Beispiel das zweimal vorkommende Parallelogramm. *B* heißt Oberbegriff, *C* Unterbegriff.

Man schließt nun aus diesen Prämissen

$$C\,a\,B$$

oder im Beispiel:

„Alle Rechtecke haben gleiche Gegenseiten."

Der Mittelbegriff ist also zum Fortfall gekommen.

Will man sich die Sachlage anschaulich in der Weise der Eulerschen Schemata durch Kreise deutlich machen, so liegt

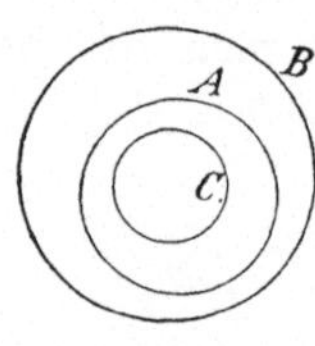

Abb. 4

(Abb. 4) innerhalb des den Oberbegriff *B* darstellenden Kreises der Mittelbegriff *A* und innerhalb dieses Kreises wieder der Unterbegriff *C*. Der Schluß besagt, daß dann auch *C* innerhalb *B* liegt.

Diesem häufigsten Schluß, den man, weil in den beiden Prämissen ebenso wie im Ergebnis das Symbol *a* auftritt, mit „barbara" bezeichnet hat, stellt nun die traditionelle Logik in ausführlicher Untersuchung sämtliche andere Möglichkeiten der *a, i, e, o* an die Seite; wir gehen hier nicht darauf ein.

Man kann nun diese Schlußfolgerungen einmal auf hypothetische und auf zusammengesetzte Urteile erweitern, zum anderen die Beschränkung auf drei Urteile fallen lassen. Für uns muß es hier genügen, die wichtigsten Grundgedanken angedeutet zu haben.

17. Induktive und deduktive Methode. Ich will vier wissenschaftliche Tatsachen nebeneinander stellen, wobei ich absichtlich in allen eine Aussage über einen Zahlbegriff bringe:

a) Der Dreißigjährige Krieg dauerte von 1618 bis 1648.

b) Die Syringen haben eine vierlappige Blüte.

c) Die Erdbeschleunigung g hat den Wert 981 cm sec^{-2}.

d) Das Verhältnis von Kreisumfang und Durchmesser ist $\pi = 3,14159265\ldots$

Bei a) handelt es sich um eine Einzeltatsache, in allen drei anderen Fällen um Zusammenfassungen einer Vielheit von Tatsachen. Dadurch unterscheidet sich die **geschichtliche** Aussage von den **Gesetzen** b) bis d).

Untersucht man eine Menge von Syringenblüten, so findet man sicherlich nicht wenige auch mit 3 oder mit 5 Blütenlappen, einige vielleicht auch mit noch mehr. Es handelt sich also in der Aussage b) um eine s t a t i s t i s c h feststellbare, nur in der Mehrzahl der Fälle zutreffende Tatsache. Solchen statistischen Gesetzmäßigkeiten begegnen wir z. B. in der Biologie, aber auch in umfangreichen Gebieten der Physik, z. B. in der Gastheorie. Es ist für den Augenblick nebensächlich, daß an einen solchen Tatbestand auch mathematische Erörterungen anknüpfen können. Ob man in einem solchen Falle b) auch von einem „Lehrsatz" redet, kann zweifelhaft sein; jedenfalls billigt man einem solchen Lehrsatz dann nicht Ausnahmslosigkeit zu.

Auch die Aussage c) ist das Ergebnis zahlreicher Einzelbeobachtungen oder Einzelversuche, die zwar auch von der Güte der benutzten Apparate, von der Fähigkeit des Beobachters, ganz besonders auch von der mehr oder weniger gelungenen Ausschaltung von „Nebenumständen" abhängig sind, die aber doch mit dem Anspruch auftreten, daß g mit gewisser, angebbarer, wenn auch relativ geringer Genauigkeit richtig bestimmt ist. Das typische Gebiet derartig festgelegter Tatsachen ist die Physik, sie kommen aber auch in der Chemie, der Mineralogie, der Biologie usf. vor.

Die Aussage d) unterscheidet sich in zwiefacher Hinsicht von der Aussage c). Einmal ist es möglich, für den Wert π jede beliebig vorschreibbare Genauigkeit zu erreichen (wem es Spaß macht, der kann über die bekannten 707 Dezimalstellen beliebig hinausrechnen), sodann aber stützt sich der Satz nicht auf Beobachtungen und Versuche; er ist davon unabhängig. Das ist das Kennzeichen mathematischer Sätze. — Mathematische Sätze lassen sich nicht nur in der Mathematik, sondern auch in der „theoretischen" Physik, Chemie usf. entwickeln.

Zwischen a) b) c) auf der einen Seite, d) auf der anderen Seite geht also ein entscheidender Schnitt in der Methode. Die erste Gruppe stützt sich auf Einzelbeobachtungen, die Gegenseite hat derartiges nicht nötig. Der mathematische Satz wird mit den Mitteln der Logik, unabhängig von Beobachtung und Versuch, aus früheren Sätzen gewonnen. Das ist das Kennzeichen der deduktiven Methode im Gegensatz zu der induktiven Methode, die wir in drei typischen Ausbildungen kennengelernt haben.

Wir wollen nun ganz scharf hervorheben, daß dieser Schnitt nicht die einzelnen Wissenschaften scheidet. Auch in den Naturwissenschaften kann ich deduktiv vorgehen und aus einigen Anfangssätzen lediglich mit Hilfe der Logik neue Sätze ableiten. Die Physik ist in dieser Richtung schon sehr weit ausgebildet, aber selbst die Biologie ist durchaus nicht frei von deduktiven Untersuchungen.

Auf der anderen Seite ist zwar für die Mathematik zu sagen, daß ein Lehrsatz für sie erst gesichert erscheint, wenn ein „Beweis" vorliegt, d. h. eine logische Herleitung aus früheren Sätzen; aber nicht nur bei der Aufstellung der ersten grundlegenden Sätze hat Anschauung und Beobachtung auch ein Wort mitzusprechen, wie wir später noch sehen werden, sondern auch im weiteren Ausbau begleiten den Fortschritt der Wissenschaft induktiv vorgehende Untersuchungen.

Man muß also sehr wohl den fertigen Aufbau der Mathematik, der durchaus logisch-deduktiv erfolgt ist, unterscheiden von der Forschung, die auch manchmal induktive Wege einschlagen wird. Ja, gerade für die Entdeckungen des mathematischen Genies, für das die schöpferische Phantasie ebenso Vorbedingung ist wie für den Forscher auf irgendeinem anderen Gebiet, ist die induktive Methode, das Ausgehen von Einzeltatsachen, von Gedankenexperimenten, ja zuweilen auch von wirklichen Beobachtungen und Versuchen, nicht selten entscheidend gewesen.

18. Der Beweis. Sehen wir ab von der Auffindung neuer mathematischer Sätze, betrachten wir vielmehr nur ihren Einbau in das deduktive System, so ist das Entscheidende für die mathematische Wissenschaft der Umstand, daß ich für jeden neuen Lehrsatz einen Beweis fordere. Dabei fallen unter den Begriff Lehrsatz hier nicht nur die Lehrsätze im engeren Sinne, sondern auch die Lösungen mathematischer Aufgaben, handele es sich nun um rein mathematische Aufgaben oder um irgendwelche praktische Anwendungen. Immer bedarf die angewandte Lösungsmethode eines Beweises. Dabei ist es an sich gleichgültig, ob wir, wie etwa bei den geometrischen Konstruktionsaufgaben, den Beweis jeder Einzelaufgabe anfügen — oder doch wenigstens in Gedanken erledigen — oder aber, wie etwa bei den quadratischen Gleichungen, für eine große Gruppe von Aufgaben vorweg ein für allemal die Richtigkeit eines Verfahrens beweisen.

Bei geeigneter Formulierung läßt sich jeder oder doch fast jeder mathematische Lehrsatz auf die Formel

$$A \, a \, B,$$

in Worten „Alle A sind B", bringen. Freilich werden dabei die Begriffe A und B manchmal recht verwickelt. Bei dem Urteil „Alle Dreieckswinkelsummen (in der ebenen euklidischen Geometrie) sind zwei Rechte" geht es noch an, aber die Fassung des P a s c a l - schen Satzes in die Form $A \, a \, B$ zu bringen, macht sprachlich schon einige Schwierigkeiten [1]). Ich will bemerken, daß ich ebenso alle mathematischen Lehrsätze auch in die Form hypothetischer Urteile pressen kann, wobei dann im Vordersatz die Voraussetzung, im Nachsatz die Behauptung steht, doch wollen wir hier, wo es nur auf die Grundgedanken ankommt, die erste Fassung vorziehen.

Die Zurückführung eines neuen Lehrsatzes auf frühere oder auch die Anwendung eines früheren Satzes zum Beweise eines neuen geht nun im allgemeinen nach folgendem Schema vor — ich nehme auch hier wieder die einfachste Schlußform:

$$A\,a\,B \text{ (das ist der anzuwendende Satz),}$$

$$C\,a\,A \text{ (das ist ein bereits bekanntes Urteil),}$$

folglich $C\,a\,B$ (das ist das neue Urteil).

Ein Beispiel wird das noch klarer machen. Der anzuwendende Satz heiße: „Im Parallelogramm sind die Gegenseiten gleich" (oder in der Form $A\,a\,B$: Von allen Parallelogrammgegenseiten gilt Gleichheit). Es sei bereits von einem im laufenden Beweise auftretenden Viereck bekannt, daß es ein Parallelogramm ist; wenn eine Figur mit Buchstabenbezeichnung als Hilfe beigegeben ist, so sei etwa bekannt, daß Viereck $M\,N\,P\,Q$ ein Parallelogramm ist. Diese Tatsache entspricht also dem obigen Urteil $C\,a\,A$. Dann wird geschlossen: $M\,N = P\,Q$ (oder in unserer formalen Ausdrucksweise $C\,a\,B$: Von dem Streckenpaar $M\,N$ und $P\,Q$ gilt Gleichheit).

19. Beweisfehler. Wie kann es nun aber bei einer so einfachen logischen Sachlage vorkommen, daß Fehler gemacht werden? Wie sind Trugschlüsse möglich? Wir können natürlich hier nicht diese lehrreiche und — weil das Persönliche und Menschliche eine Rolle dabei spielt — mehr oder weniger amüsante Frage ausführlich untersuchen [2]). Einige Bemerkungen müssen genügen.

Der häufigste Fehler ist der, daß die Schlußkette gar nicht vollständig ist, und daß im Bereiche der Lücken die Fehler liegen. Wir pflegen nämlich bei unseren Beweisen keineswegs die ganze Folge der Urteile auszusprechen und logisch aneinanderzureihen; das wäre überaus langweilig. Wir machen dauernd Gedankensprünge. Ja, es ist geradezu das Zeichen besonderer mathematischer Fähigkeit, daß man eine lange Folge von Schlüssen im Augenblick überschaut, ohne sie im einzelnen zu formulieren.

---

[1]) Der Leser probiere es! Der Satz heißt: Im Sehnensechseck eines Kegelschnitts liegen die drei Schnittpunkte je zweier Gegenseiten auf einer Geraden.

[2]) Vgl. W. L i e t z m a n n : Trugschlüsse, 3. Aufl. (Mathematisch-physikalische Bibliothek Bd. 53), Leipzig 1923, B. G. Teubner, und W. L i e t z m a n n und V. T r i e r : Wo steckt der Fehler? 4. Aufl. (Ebenda Bd. 52), Ebenda 1937

Oft lassen wir uns bei solchen Sprüngen obendrein von Motiven leiten, die mit der Logik nichts zu tun haben, so in der Geometrie von der Anschauung. Die Figuren, die nie Ersatz der Schlußtreppe, sondern nur Geländer sein sollten, verführen nicht selten zu falschen Schlüssen. Wir werden später (II. Kapitel, Abschnitt 22) zwei treffende Beispiele kennenlernen.

Von den unmittelbaren Fehlschlüssen kommen folgende in Betracht: Zunächst kann der Obersatz falsch sein. So benutzen z. B. die Trugschlüsse, die auf der fehlerhaften Division durch 0 fußen[1]), den Satz: „Gleiches durch Gleiches dividiert gibt Gleiches", einen Satz, der in dieser Allgemeinheit falsch ist; man muß die Division durch Null ausschließen. Der Fehler kann auch im Untersatz liegen, z. B. wenn ich mich bei den unendlichen Reihen ohne weiteres verführen lasse, die Summen mit unendlicher Summandenzahl wie Summen mit endlicher Summandenzahl zu behandeln. Der gemeinsame Begriff A der Schlußformel ist in beiden Fällen tatsächlich im Obersatz und im Untersatz gar nicht der gleiche.

20. Notwendige und hinreichende Bedingung; Umkehrung von Lehrsätzen. Im Aufbau des mathematischen Systems spielen die Begriffe notwendige und hinreichende Bedingung eine bedeutsame Rolle. Gehen wir von zwei Beispielen aus:

a) Bedingung dafür, daß ein Dreieck gleichschenklig ist, ist die Gleichheit zweier Winkel.

b) Bedingung dafür, daß eine Figur ein Kreis ist, ist, daß sie eine Figur von konstanter Breite ist, das will sagen, daß sie so zwischen zwei parallele Geraden gebracht werden kann, daß die Geraden beide berührt werden. Die zweite Bedingung hat praktische Bedeutung; was von den parallelen Geraden verlangt wird, leistet eine Schieblehre.

a) Die erste Bedingung ist nicht nur notwendig, sie ist auch hinreichend. Das heißt: Die Bedingung der Winkelgleichheit reicht aus, um daraus auf die Schenkelgleichheit schließen zu können.

b) Die zweite Bedingung ist zwar notwendig, aber, was vielleicht überraschen wird, nicht hinreichend. Abb. 5 zeigt zwei andere, in ihrer Konstruktion leicht übersehbare Figuren, die die konstante Breite a bzw. $b + 2c$ haben; sie sind von R e u l e a u x entdeckt worden.

---

[1]) Etwa
$$a^2 - a^2 = a^2 - a^2,$$
$$a(a - a) = (a + a) \cdot (a - a),$$
$$a = 2\,a.$$
Man hat fälschlich beiderseits durch $a - a$, d. h. durch 0, dividiert.

So wichtig es ist, für irgendeinen Tatbestand notwendige Bedingungen festzustellen, so wird doch immer das Ziel sein, möglichst die zugleich hinreichenden Bedingungen aufzufinden. So ist das Kriterium $\lim\limits_{n \to \infty} a_n = 0$ für die Konvergenz einer unendlichen Reihe mit lauter positiven Gliedern

$$a_1 + a_2 + a_3 + \cdots$$

leider nur notwendig, nicht auch hinreichend, wie z. B. die Reihe

$$1 + \frac{1}{2} + \frac{1}{3} + \frac{1}{4} + \cdots$$

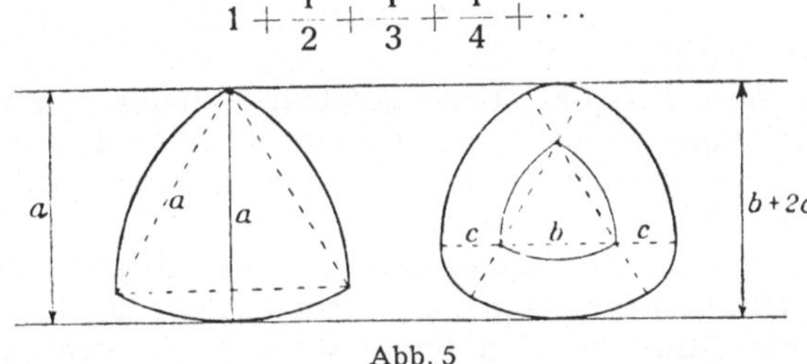

Abb. 5

zeigt. Man möchte gern ein auch hinreichendes Kriterium haben. Umgekehrt ist das Kriterium

$$\lim_{n \to \infty} \left| \frac{a_n + 1}{a_n} \right| = q < 1$$

hinreichend, leider aber nicht zugleich notwendig. Man ist übrigens im Notfalle auch zufrieden, wenn es gelingt, ein Kriterium zu „verschärfen"; was darunter zu verstehen ist, wird ohne weiteres klar sein.

Mit unseren Bemerkungen haben wir bereits die Frage der Umkehrung von Lehrsätzen angeschnitten. Der einfachste Fall ist der, daß ein einzelner Lehrsatz umgekehrt wird, daß also Voraussetzung und Behauptung vertauscht werden können. Das sind diejenigen Fälle, in denen die im Lehrsatz durch die Voraussetzung gegebene Bedingung nicht nur notwendig, sondern auch hinreichend war. Ich brauche nur an die Sätze vom Sehnen- und Tangentenviereck [1]), an die Sätze von C e v a [2]) und

---

[1]) Die beiden Sätze heißen bekanntlich: Im Sehnenviereck des Kreises beträgt die Summe der gegenüberliegenden Winkel 180°. Im Tangentenviereck des Kreises ist die Summe zweier Gegenseiten gleich der Summe der beiden andern. Wie heißen die Umkehrungen?

[2]) Der Satz von C e v a heißt: Wenn drei Ecktransversalen eines Dreiecks sich in einem Punkte schneiden, so bestimmen sie auf den drei Seiten oder auf einer und den Verlängerungen der beiden andern drei Schnittpunkte so, daß das Produkt der drei getrennt liegenden Seitenabschnitte gleich dem Produkt der drei andern ist.

M e n e l a u s [1]) zu erinnern, aber auch der pythagoreische Lehrsatz gehört hierher und viele andere.

Manchmal kann so durch Umkehrungen ein ganzes Gewebe von Sätzen entstehen: Im gleichschenkligen Dreieck ist die Halbierende des Winkels an der Spitze auch Höhe, Mittelsenkrechte der Basis, Seitenhalbierende; die Mittelsenkrechte der Basis ist auch Winkelhalbierende, Höhe und Seitenhalbierende; die Seitenhalbierende der Basis ist auch Höhe, Winkelhalbierende und Mittelsenkrechte; die Höhe auf die Basis ist auch Winkelhalbierende, Seitenhalbierende und Mittelsenkrechte. Das sind alles in allem zwölf Sätze!

Zwei weitere Beispiele eines solchen Gefüges von Lehrsätzen und Umkehrungen wollen wir uns näher ansehen. Ich wähle einen mathematisch möglichst einfachen Gegenstand; es wird Beschränkung auf die Ebene vorausgesetzt:

A. Die Punkte der Mittelsenkrechten einer Strecke haben von den Endpunkten der Strecke gleichen Abstand.

B. Die Punkte, die von den Endpunkten einer Strecke gleichen Abstand haben, liegen auf der Mittelsenkrechten der Strecke.

C. Die Punkte außerhalb der Mittelsenkrechten einer Strecke haben von den Endpunkten der Strecke ungleichen Abstand.

D. Die Punkte, die von den Endpunkten einer Strecke ungleichen Abstand haben, liegen außerhalb der Mittelsenkrechten der Strecke.

Hier ist A die Umkehrung von B, C die Umkehrung von D, B die Umkehrung von A, D die Umkehrung von C.

D folgt sofort aus A, C aus B und umgekehrt. Eines Beweises bedürfen also lediglich zwei von den vier Sätzen. Welche zwei man auswählt, ist an sich beliebig, nur müssen sie verschiedenen Satzpaaren A, D und B, C angehören.

Nach diesem viergliedrigen Satzsystem soll noch ein Satzgefüge aus sechs Einzelsätzen betrachtet werden; ich nehme wieder ein ganz einfaches Sachverhältnis:

Es ist ein Kreis mit dem Radius r gegeben.

A. Die Punkte des Kreises haben vom Mittelpunkt den Abstand r.

B. Hat ein Punkt der Kreisebene vom Mittelpunkt den Abstand r, dann liegt er auf dem Kreise.

---

[1]) Der Satz von M e n e l a u s heißt: Wenn eine Gerade zwei Seiten eines Dreiecks und die Verlängerung der dritten oder die Verlängerungen der drei Seiten schneidet, dann ist das Produkt von drei getrennt liegenden Seitenabschnitten gleich dem Produkt der drei andern. — In beiden Fällen ist vorher zu sagen, was man unter Seitenabschnitten und unter getrennt liegenden Seitenabschnitten versteht.

Zeige, daß die Umkehrungen der Sätze ein Kriterium dafür geben, daß drei Geraden durch einen Punkt gehen, und daß drei Punkte auf einer Geraden liegen!

C. Die Punkte innerhalb des Kreises haben vom Mittelpunkt einen Abstand, der kleiner als r ist.

D. Haben Punkte der Kreisebene vom Mittelpunkt des Kreises einen Abstand, der kleiner als r ist, dann liegen sie im Innern des Kreises.

E. Die Punkte außerhalb des Kreises haben vom Mittelpunkt einen Abstand, der größer als r ist.

F. Haben Punkte der Kreisebene vom Mittelpunkt des Kreises einen Abstand, der größer als r ist, dann liegen sie außerhalb des Kreises.

Ich überlasse es dem Leser, hier die Beziehungen zwischen den Sätzen im einzelnen aufzudecken. Da es sich um triviale Tatsachen handelt, ist die Übersicht leicht. Aber schon wenn man entsprechende Sätze über die Lage von Punkt und Ellipse, Punkt und Parabel, Punkt und Hyperbel aufstellt, wird man den Nutzen eines vollständigen Überblicks über die logischen Zusammenhänge einsehen.

Unter einem g e o m e t r i s c h e n O r t versteht man — wir beschränken uns auf den einfachsten Fall — die Linien, deren Punkte eine bestimmte Bedingung erfüllen. Dazu kommt aber die weitere Bedingung, daß a l l e Punkte dieser Art erfaßt werden. So gibt der Kreis mit dem Radius r um einen Punkt M a l l e Punkte, die von M den Abstand r haben. Handelt es sich um den geometrischen Ort der Punkte, die von einer Geraden den Abstand a haben, so kommen also die b e i d e n Parallelen zu der Geraden im Abstand a in Betracht. Während dies im allgemeinen auch so formuliert zu werden pflegt, ist man in dem folgenden Fall sorgloser. Der geometrische Ort der Punkte, von denen aus eine Strecke unter einem festen Winkel α erscheint, ist das Kreisbogenzweieck, dessen Bögen den Winkel α als Peripheriewinkel fassen. In der Regel findet man nur einen der Kreisbögen angegeben.

In allen diesen Fällen ist der Nachweis erforderlich, daß es keine weiteren, nicht auf den angegebenen Linien liegende Punkte gibt, die die Bedingung erfüllen. Das leisten z. B. für den Fall des Kreises die oben angeführten Sätze A bis F.

21. Direkte und indirekte Beweise. Hat man es mit Satzgruppen zu tun, wie wir sie eben kennenlernten, im einfachsten Falle mit Lehrsatz und Umkehrung, dann drängt sich von selbst als Ausnützung der besonderen logischen Zusammenhangsverhältnisse ein Nebeneinander von direkten und indirekten Beweisen auf. Wir wollen zunächst bei dem direkten Beweis verweilen.

Der rein d e d u k t i v e Beweis stellt eine Schlußkette zwischen Voraussetzung und Behauptung her. Sind die einzelnen Schlußfolgen reversibel", d. h. kann man sie in der einen Richtung ebenso gehen wie in der anderen, dann kann die Richtung, in der die Glieder der Schlußkette aneinandergefügt werden, auch von der Behauptung zur Voraussetzung führen. Im allgemeinen hat aber dieses Vorgehen — der r e g r e s s i v e Beweis — nur heuristischen Wert, d. h. es eignet sich, einen — sogenannten p r o g r e s s i v e n — Beweis aufzufinden, der die von der Voraussetzung zur Behauptung gehende Richtung hat.

Eine Abart, die man wohl als d i s j u n k t i v e n Beweis bezeichnet, bilden diejenigen Beweisgänge, in denen man zunächst verschiedene Fälle (in endlicher Anzahl) unterscheidet und nun für jeden Einzelfall die Schlußkette aufstellt. Ich erinnere etwa an den üblichen Beweis des Peripheriewinkelsatzes, an den Sehnensekantensatz (Schnittpunkt innerhalb oder außerhalb des Kreises), an die Sätze von Pol und Polare (Lage von Pol bzw. Polare innerhalb oder außerhalb des Kreises) oder an die Kegelschnittsätze, die man vielfach für die einzelnen Kegelschnittarten gesondert beweist.

Den direkten Beweisen sind nun die i n d i r e k t e n gegenüberzustellen. Statt den Satz als richtig zu erweisen, zeigt man, daß das Gegenteil falsch ist. Man geht also von der Annahme aus, daß die Behauptung falsch wäre, und beweist dann — wenn nur ein Fall zu betrachten ist, in e i n e r Schlußkette, wenn mehrere Fälle zu unterscheiden (disjunktiv) sind, in der entsprechenden Anzahl von Schlußketten —, daß man mit dieser Annahme auf einen Widerspruch kommt.

Wie man indirekte Beweise bei Satzgruppen ausnützt, wollen wir nun zum Schluß zeigen, nicht an den trivialen Fällen, die wir im vorangehenden Abschnitt kennenlernten, sondern an einem anderen lehrreichen Beispiel. Es handelt sich um den pythagoreischen Lehrsatz; ich fasse ihn etwas anders, als üblich ist:

A. Im Dreieck ist das Quadrat über der Gegenseite eines rechten Winkels gleich der Summe der Quadrate über den beiden anderen Seiten.

Ist der Satz umkehrbar? Gilt also auch der Satz:

A′. Ist in einem Dreieck das Quadrat der Gegenseite eines Winkels gleich der Summe der Quadrate über den beiden anderen Seiten, dann ist der Winkel ein rechter?

Es gelten folgende zwei Sätze, die wir wie den pythagoreischen Lehrsatz als dessen Verallgemeinerungen direkt zu beweisen pflegen:

B. Im Dreieck ist das Quadrat über der Gegenseite eines stumpfen Winkels gleich der Summe der Quadrate über den beiden anderen Seiten, vermehrt um das doppelte Rechteck aus einer dieser Seiten und der Projektion der andern auf sie.

C. Im Dreieck ist das Quadrat über der Gegenseite eines spitzen Winkels gleich der Summe der Quadrate über den beiden anderen, vermindert um das doppelte Rechteck aus einer dieser Seiten und der Projektion der anderen auf sie.

Auf Grund der Kenntnis der Sätze A, B, und C kann ich nun A′ sofort unmittelbar, und zwar disjunktiv beweisen: Angenommen, der fragliche Winkel sei nicht ein rechter, dann ist er entweder stumpf oder spitz; im ersten Falle führt Satz B, im zweiten Satz C sofort den Widerspruch herbei. Ich brauche nicht erst auszuführen, wie man nun auch Umkehrungen von B und C aufstellen und beweisen kann, die übrigens wenig Bedeutung haben würden.

22. Vollständige Induktion. Bei den Beweisen nach dem Verfahren der vollständigen Induktion oder des Schlusses von n auf $n + 1$ könnte der Name zu der Annahme verführen, es handele sich hier nicht wie in allen bisherigen Beweismethoden um ein deduktives Verfahren. Das ist falsch; auch die vollständige Induktion geht deduktiv vor, freilich bedarf es dabei eines Wortes der Erläuterung.

Es gelte ein Satz für $n = 1$, wenn ich dann unter der Annahme, er sei bereits für n bewiesen, nachweisen kann, daß er auch für $n + 1$ gilt, dann ist er allgemein bewiesen. Wir werden später (3. Kapitel, Nr. 15) auf die Bedeutung dieses Gesetzes für die Grundlegung der Arithmetik zurückkommen; vorerst merken wir nur an, daß es nicht einfach eine logische Folge unserer bisherigen Betrachtungen über Begriffe, Urteile und Schlüsse und der vier Grundgesetze ist, und daß es andererseits auch nicht mathematisch, sei es in der Arithmetik, sei es in der Geometrie, von uns ausdrücklich bewiesen wird.

Als einfaches Beispiel für den Schluß von n auf $n + 1$ führen wir zunächst einen bekannten Beweis des binomischen Lehrsatzes an. Es ist

$$(a + b)^1 = \binom{1}{0} a + \binom{1}{1} b.$$

Man nimmt an, der Satz sei bereits für n bewiesen, es gelte also

$$(a + b)^n = \binom{n}{0} a^n + \binom{n}{1} a^{n-1} b + \cdots + \binom{n}{n-1} a b^{n-1} + \binom{n}{n} b^n,$$

wo die „Binomialkoeffizienten" durch die Gleichungen definiert sind:

$$\binom{n}{k} = \frac{n\,(n-1)\,(n-2)\cdots(n-k+1)}{1\cdot 2\cdot 3\cdots k}, \quad \binom{n}{0} = \binom{n}{n} = 1.$$

Dann zeigt man durch Multiplikation mit $(a+b)$, daß auch

$$(a+b)^{n+1} = \binom{n+1}{0} a^{n+1} + \binom{n+1}{1} a^n b + \cdots$$
$$+ \binom{n+1}{n} a\,b^n + \binom{n+1}{n+1} b^{n+1}$$

ist. Man braucht dabei für die Binomialkoeffizienten die Formel

$$\binom{n}{k} + \binom{n}{k+1} = \binom{n+1}{k+1},$$

die sich leicht beweisen läßt.

Nun treten bei dem Verfahren der vollständigen Induktion, so wie wir es formuliert haben, manchmal gewisse Abänderungen auf. Zunächst einmal ist es nicht notwendig, daß man gerade von dem Grundwert $n = 1$ ausgeht. Wenn ich z. B. den Satz von der Winkelsumme im n-Eck durch das Verfahren der vollständigen Induktion ableiten wollte (man wird es im allgemeinen einfacher tun), dann gehe ich natürlich nicht von dem Fall $n = 1$, sondern von dem Fall $n = 3$ als Anfangswert aus.

Wenn ich das Additionstheorem der trigonometrischen Funktionen für spitze Winkel α und β bewiesen habe, und wenn ich es nun auf beliebige positive Winkel ausdehnen will, so schließe ich so: Ich nehme an, der Satz sei bereits für einen Winkel $\alpha + n \cdot \frac{\pi}{2}$ und $\beta + n \cdot \frac{\pi}{2}$, wo α und β spitz sind, bewiesen. Ich zeige dann, daß er auch für $\alpha + (n+1)\cdot\frac{\pi}{2}$ und danach auch für $\beta + (n+1)\cdot\frac{\pi}{2}$ gilt. Hier ist als Anfangswert, für den der Satz bewiesen ist, wieder nicht $n = 1$ angenommen worden, sondern $n = 0$.

Dieses Beispiel führt uns gleich noch auf eine andere Ausdehnung des Verfahrens der vollständigen Induktion. Man will doch das Additionstheorem auch für beliebige n e g a t i v e Winkel als gültig erweisen. Dann muß man also auch auf negative n schließen können. Vorbedingung ist dafür noch der allgemeine Nachweis, daß, unter der Annahme, der Satz gelte für irgendein n, er auch für $n - 1$ gilt.

Ein Mangel des Verfahrens der vollständigen Induktion scheint darin zu liegen, daß derjenige, der es anwendet, den Satz bereits kennen muß, daß also diese Methode nicht zum Auffinden von neuen Lehrsätzen geeignet erscheint. Sieht man aber näher zu, so steht es mit der Mehrzahl der anderen Beweismethoden ebenso. Man kann es geradezu als Regel ansehen, daß man beim Aufsuchen eines Beweises von vornherein die Behauptung im Auge hat, ja, daß man — wir sprachen im Abschnitt 21 davon — gern von der Behauptung rückwärts zur Voraussetzung schreitet und nun eine Schlußkette spannt, die erst nachträglich in einen progressiven Beweis umgewandelt wird. Dann muß ich aber immer erst die Behauptung kennen! Den Entdecker eines neuen Lehrsatzes leitet eben zumeist Phantasie oder Kombinationsgabe oder zuweilen auch die Untersuchung vieler Einzelfälle, ehe er an die Aufstellung eines deduktiven Beweises herangeht; nur in den seltensten Fällen wird man lediglich im logischen Spiel deduktiver Schlüsse ohne bestimmtes Ziel zu neuen Wahrheiten kommen.

23. Unmöglichkeitsbeweise. In der Geschichte der Mathematik haben gewisse Probleme eine Rolle gespielt, die erst durch den Nachweis der Unmöglichkeit ihrer Lösung ihre Erledigung gefunden haben. Dahin gehören die Beweise, daß die Quadratur des Kreises [1]), die Trisektion des Winkels [2]), die Verdoppelung des Würfels [3]) mit Zirkel und Lineal unmöglich sind. Selbstverständlich ist im einzelnen Falle ganz genau festzulegen, was verlangt wird, was als unmöglich bewiesen werden soll.

Dahin gehören weiter auch Fragen wie die, daß das Parallelenaxiom nicht beweisbar ist (wir kommen im nächsten Kapitel darauf zurück), daß $\sqrt{2}$, daß $\log 2$ keine rationale Zahl ist, daß es keine ganzen Zahlen x, y und z gibt, die die Gleichung $x^3 + y^3 = z^3$ befriedigen usf.

Wir wollen als Beispiel den Nachweis erbringen, daß die Zahl e, also die durch die unendliche, konvergente Reihe

$$e = 1 + \frac{1}{1!} + \frac{1}{2!} + \frac{1}{3!} + \frac{1}{4!} + \frac{1}{5!} + \cdots$$

definierte Zahl nicht rational ist. Wir setzen bereits als bekannt voraus, daß e keine ganze Zahl ist. Angenommen, es sei $e = \dfrac{p}{q}$,

---

[1]) Vgl. E. B e u t e l : Die Quadratur des Kreises (Mathematisch-physikalische Bibliothek Bd. 12, 2. Aufl.). Leipzig 1920, B. G. Teubner.

[2]) W. B r e i d e n b a c h : Die Dreiteilung des Winkels (Mathematisch-physikalische Bibliothek Bd. 78). Leipzig 1933, B. G. Teubner.

[3]) Vgl. A. H e r r m a n n : Das delische Problem (die Verdoppelung des Würfels), (Mathematisch-physikalische Bibliothek Bd. 68). Leipzig 1927, B. G. Teubner.

wo p und q ganze teilerfremde Zahlen $(q > 1)$ sind, dann wäre die Zahl

$$a = e - 1 - \frac{1}{1!} - \frac{1}{2!} - \frac{1}{3!} - \frac{1}{4!} - \cdots - \frac{1}{q!}$$

ein positiver Bruch, und zwar mit dem Nenner $q!$ Es ist also ganz sicher

$$a \geq \frac{1}{q!}.$$

Andererseits ist

$$a = \frac{1}{(q+1)!}\left(1 + \frac{1}{q+2} + \frac{1}{(q+2)(q+3)} + \cdots\right)$$

$$< \frac{1}{(q+1)!}\left(1 + \frac{1}{q+2} + \frac{1}{(q+2)^2} + \cdots\right)$$

$$< \frac{1}{(q+1)!} \cdot \frac{1}{1 - \dfrac{1}{q+2}} = \frac{1}{(q+1)!} \cdot \frac{q+2}{q+1} = \frac{1}{q!} \cdot \frac{q+2}{(q+1)^2}$$

$$< \frac{1}{q!},$$

da $q + 2 < (q + 1)^2$ ist.

Damit sind wir auf einen Widerspruch gekommen.

24. Mannigfaltigkeit der Beweise. Wir haben gesehen, wie man bei einer Lehrsatzgruppe unter Umständen einen Teil direkt, einen Teil indirekt beweisen kann. Welche von den Sätzen man direkt beweist, das bleibt freigestellt. Aber auch, wenn es sich um einen Einzelsatz handelt, ist die Wahl des Beweisganges durchaus frei. Man kann für denselben Satz oft eine große Anzahl recht verschiedenartiger Beweise erbringen. Man kennt z. B. für den Lehrsatz von Pythagoras über hundert Beweise. Sätze wie der E u l e r sche über die Polyeder oder derjenige über den F e u e r - b a c h schen Kreis erfreuen sich gleichfalls einer großen Mannigfaltigkeit von Beweisen. Daß G a u ß [1]) selber gleich vier Beweise für den Fundamentalsatz der Algebra [2]) erbracht hat, ist bekannt. Auch für gewisse berühmte Konstruktionsaufgaben, z. B. das Apolloniussche Berührungsproblem [3]), oder aus neuerer Zeit für die Konstruktion des regelmäßigen Siebzehnecks gibt es zahlreiche Lösungswege und demzufolge auch Beweise für die Richtigkeit.

---

[1]) K a r l   F r i e d r i c h   G a u ß (1777—1855), geboren in Braunschweig, lehrte an der Universität Göttingen.

[2]) Der Fundamentalsatz der Algebra besagt, daß jede algebraische Gleichung n-ten Grades mindestens eine Lösung hat.

[3]) Es handelt sich um die Aufgabe, diejenigen Kreise zu konstruieren, die drei in einer Ebene gelegenen Kreise berühren.

Man hat gelegentlich Vergleiche zwischen verschiedenen Beweisen ein und desselben Satzes angestellt. So kann man etwa gewisse Beschränkungen in der Wahl der beim Beweise vorauszusetzenden Sätze vorschreiben. Man kann z. B. bei dem Beweis des pythagoreischen Lehrsatzes nur die Kongruenzsätze und den Begriff der Zerlegungsgleichheit zulassen.

Bemerkenswert ist die Forderung, in der Geometrie nur geometrische Sätze anzuwenden, nicht auch arithmetische, und umgekehrt. Es war eine besondere Aufgabe für die Mathematik, die projektive Geometrie rein projektiv, d. h. ohne metrische Hilfsmittel, lediglich auf Grund von Lagebeziehungen, aufzubauen.

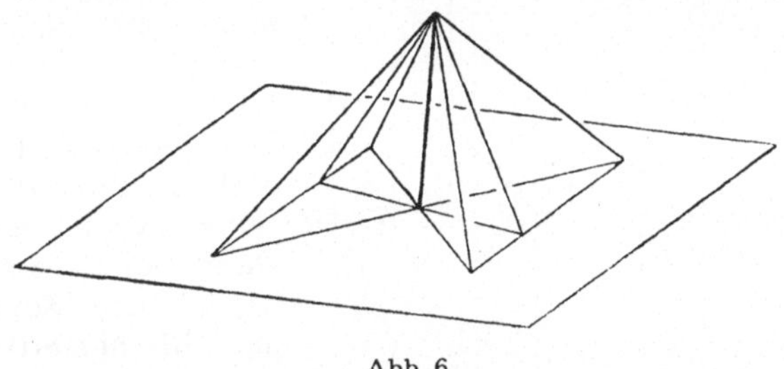

Abb. 6

Andere Überlegungen richten sich auf eine Erfassung der Einfachheit von Beweisen. Will man entscheiden, welcher von zwei Beweisen der einfachere ist, so muß man irgendein Maß für die Einfachheit haben. Das kann in einigen Fällen leicht angegeben werden, aber alles in allem doch nur in recht wenigen. So kann man etwa bei den Zerlegungsbeweisen für den pythagoreischen Lehrsatz als Maß die Anzahl der Anwendungen von Dreieckskongruenzen benutzen. Ähnlich kann man bei dem wichtigen Satz von der Senkrechten auf einer Ebene verfahren. Es gibt da zwei bekannte Beweise, einen von E u k l i d , einen anderen von C a u c h y [1]. E u k l i d trägt (Abb. 6) auf der zu zwei G e r a d e n der Ebene senkrecht stehenden Geraden nach einer Seite der Ebene eine beliebige Strecke ab und zeigt das Senkrechtstehen der Geraden auf einer beliebigen dritten, durch den Fußpunkt gehenden Geraden der Ebene unter Ausnutzung der in der Abb. 6 auftretenden Dreiecke. C a u c h y trägt beiderseits der Ebene auf der Senkrechten gleiche Stücke ab (Abb. 7) und benutzt nun nur zwei S t r a h l e n und den beliebigen dritten Strahl. Wieder wird der Beweis an der Hand der entstandenen Dreiecke geführt. Führt

---

[1] A u g u s t i n L o u i s C a u c h y (1789—1857), Paris, Prof. der Mathematik.

man die Überlegung durch und zählt man in beiden Fällen die Dreiecke ab, deren Kongruenz man verwertet, dann ergibt sich beim Beweise von C a u c h y eine geringere Anzahl als beim Beweis von E u k l i d. (Wie groß ist der Unterschied?)

Die wenigen Bemerkungen dieses Abschnittes werden bereits erkennen lassen, daß es sich in der Mathematik keineswegs — um ein treffendes Bild zu gebrauchen — um eine mehr oder weniger eindeutig festgelegte Kette von Sätzen und Beweisen handelt, zu welcher Meinung die Lehrbuchdarstellungen zuweilen verführen können, sondern um ein vielmaschiges Netz [1]). So bleibt also, selbst wenn der Besitzstand an Lehrsätzen in irgendeinem Sondergebiet der Mathematik festgehalten wird, doch noch eine große Freiheit im Aufbau und in der Gliederung des Satzgefüges.

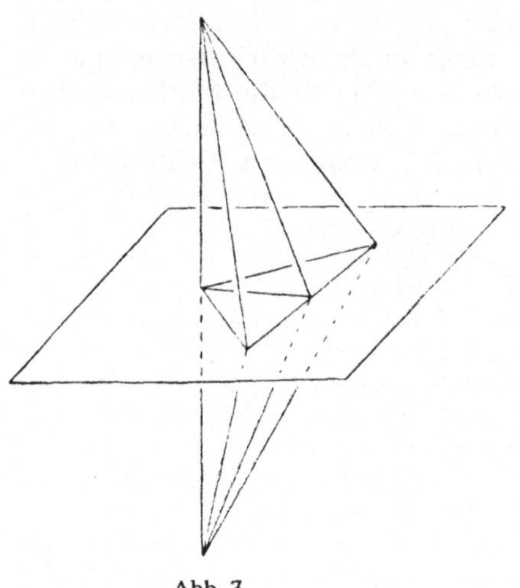

Abb. 7

Ja, dem feineren Beobachter erschließen sich hier allerlei durch Zeitepoche und Persönlichkeit bedingte Stilarten. So ist, um nur das deutlichste Beispiel zu nennen, der mathematische Stil der Griechen ein ganz anderer als der moderne [2]).

25. Das Verhältnis von Definition und Lehrsatzgefüge. Erstreckt sich die Freizügigkeit innerhalb des Lehrsatzgefüges und der Beweise auch auf die Definitionen? M. a. W., kann man in einem Bereich mathematischer Tatsachen jeweils bestimmt angeben, dies gehört zur Definition und jenes zum Lehrsatzgefüge? Wer die Frage mit ja beantwortet, wird etwa darauf hinweisen, daß $a^0 = 1$ und $a^{-n} = \dfrac{1}{a^n}$ Definitionen sind, und daß, wer das als Lehrsatz darstellt und etwa mit Hilfe des Lehrsatzes $a^{m-n} = \dfrac{a^m}{a^n}$ beweist,

---

[1]) Die Mannigfaltigkeit der Beweise ein und desselben Satzes will das Büchlein aufweisen W. L i e t z m a n n : Der pythagoreische Lehrsatz, 5. Aufl. (Mathematisch-physikalische Bibliothek Bd. 3). Leipzig 1937, B. G. Teubner.

[2]) Vgl. hierzu W. L i e t z m a n n : Überblick über die Geschichte der Elementarmathematik, 2. Aufl. Leipzig 1928, B. G. Teubner.

einen Fehler begeht. Hier scheint also doch genau festzustehen, was Definition, was Lehrsatz ist. Wer die Frage mit nein beantwortet, wird die Geschichte der mathematischen Forschung zum Zeugen anrufen.

Von den Forderungen, die an eine Definition zu stellen sind, nannten wir früher (Nr. 6) V o l l s t ä n d i g k e i t in der Angabe der zur Kennzeichnung herangezogenen besonderen Eigenschaften, die von dem an die Spitze gestellten Oberbegriff ausgesprochen werden, W i d e r s p r u c h s f r e i h e i t und — ich will vorsichtig sagen: nach Möglichkeit — U n a b h ä n g i g k e i t der Eigenschaften, also Vermeidung von Überbestimmung.

Die Erfüllung dieser drei Forderungen setzt bereits voraus, daß man das an die Definition anschließende Lehrsatzgefüge einigermaßen überblickt.

Hat man zwei Definitionen (I) und (II) für den gleichen mathematischen Gegenstand, oder ersetzt man eine Definition (I) durch eine andere (II), so setzt das voraus, daß (II) aus (I) folgt und umgekehrt; wir wollen das schreiben (I) $\rightleftarrows$ (II). Es genügt also z. B. nicht, mit Hilfe der D a n d e l i n schen Kugeln nachzuweisen, daß ein ebener Schnitt durch den geraden Kreiskegel ein Kegelschnitt im Sinne einer der auf den Brennpunktseigenschaften beruhenden Ortsdefinitionen ist, es muß auch umgekehrt nachgewiesen werden, daß jeder durch diese Ortsdefinition gekennzeichnete Kegelschnitt als ebener Schnitt durch den geraden Kreiskegel dargestellt werden kann. Oder um ein anderes Paar von Kegelschnittdefinitionen anzuführen: Man kann einen Kegelschnitt mit Hilfe der Pascalkonfiguration aus fünf Punkten in der Weise punktweis konstruieren, daß man auf den Geraden, die durch einen dieser Punkte gelegt werden, beliebig viele sechste Punkte konstruiert. Der geometrische Ort dieser Punkte ist ein Kegelschnitt. Man muß nun, um die Äquivalenz dieser Kegelschnittdefinition (IV) mit der Definition (III) eines Kegelschnittes als perspektives Abbild eines Kreises nachzuweisen, sowohl (III) $\rightarrow$ (IV) wie (IV) $\rightarrow$ (III) beweisen.

Diese beiden Beispiele zeigen erneut, wie Definition und Lehrsatzgefüge aufs innigste zusammengehören. Um aber noch ein anderes Beispiel zu nennen, sei dem Leser die Aufgabe gestellt, möglichst viele Definitionen des Kreises zusammenzustellen. Das will doch besagen, es sind Eigenschaften des Kreises herauszusuchen, die für dessen Kennzeichnung notwendig und hinreichend sind.

Handelt es sich nicht nur um zwei, sondern um mehrere Definitionen eines mathematischen Begriffes, dann müssen natürlich sie alle in Verbindung gebracht werden. So wird z. B. die logarithmische Funktion als Umkehrung der Exponentialfunktion, durch Hyperbelquadratur, durch eine Verbindung zwischen arithmetischen und geometrischen Reihen oder durch eine Funktionalgleichung definiert. Für die Kegelschnitte lernten wir als Definitionen kennen (I) die planimetrischen Ortsdefinitionen (Gärtner-Konstruktion usw.), (II) den Schnitt durch den geraden Kreiskegel, (III) das perspektive Abbild eines Kreises, (IV) die Pascal-Ortsdefinition, dazu kommt etwa noch (V) die projektive Erzeugung, (VI) die analytische Definition durch eine Form 2. Grades in 2 Veränderlichen. Um die Gleichwertigkeit dieser Definitionen untereinander zu zeigen, braucht man natürlich nicht jede mit jeder in Verbindung zu bringen; es genügt die Herstellung einer linearen Kette. Aber auch das ist nicht notwendig. So ist z. B. in einem Schema in meiner kleinen Kegelschnittlehre [1]), das sich auf die oben genannten Kegelschnitte bezieht, die obige Definition (III) durch Verknüpfung mit (II) und (I) und ebenso (V) durch Verknüpfung mit (III) und (IV) eingefangen. Wenn es sich z. B. darum handelt, die Ellipse als affines Bild des Kreises zu definieren und diese neue Definition an die anderen anzuhängen, dann kann man sich die am besten geeigneten Glieder der vorhandenen Kette aussuchen.

Für die Wahl der Definition, die man an die Spitze des Tatsachengebietes stellt, sind oft äußere Beweggründe maßgebend wie traditionelle Darstellungsweise oder übliche Bezeichnung. Entscheidend ist aber doch, ob praktische Anwendungen im Vordergrund stehen oder theoretische, und hier wieder, ob man der geometrischen Anschauung den Vorrang einräumt oder als Fanatiker abstrakter Denkungsart arithmetische Formulierungen vorzieht. Wie schwer es ist, Dinge, die uns anschaulich leicht erfaßbar erscheinen, exakt zu definieren, zeigen die Bemühungen etwa um die Begriffe Kurve, Fläche und Dimension oder der lange währende Streit in der Didaktik der Elementarmathematik um die Definition des Winkels.

Besondere Vorsicht erfordert bei Definitionen die Einbeziehung von Grenzfällen. Ich erinnere etwa beim Kreis an die Ausartung in Punkt und Gerade, bei den für das rechtwinklige Dreieck definierten trigonometrischen Funktionen an die Grenzfälle 0^0 und 90^0, an die Ausartungen der Kegelschnitte usw. Je nachdem, ob man diese Grenzfälle mitnimmt oder sie beiseite läßt, ergeben sich unter Umständen verschiedene Fassungen.

---

[1]) Mathematisch-physikalische Bibliothek Bd. 79, Leipzig 1933, B. G. Teubner.

Sehr oft werden Begriffe zunächst für einen engeren Bereich eingeführt und dann nachher auf einen größeren erweitert. H a n k e l [1]) hat für einen solchen Fall das sogenannte Permanenzprinzip herausgestellt, was übrigens schon vor ihm D e d e k i n d [2]) in einem erst vor kurzem bekanntgewordenen Vortrag getan hat [3]). Was hier zunächst für den Zahlbegriff und die Rechenoperationen geschah, gilt ebenso für andere Bereiche, z. B. für die Ausdehnung der ebenen Trigonometrie vom spitzen auf beliebige Winkel, der sphärischen Trigonometrie von E u l e r schen auf M ö b i u s sche und S t u d y sche Kugeldreiecke [4]). Gerade bei der Auswirkung des Permanenzprinzips wird das enge Verhältnis zwischen Definition und Lehrsatzgefüge besonders deutlich, denn die Forderung der Widerspruchsfreiheit — ich kann nicht Zahlen definieren, die die Gleichungen $x + 1 = 4$ und $x + 1 = 5$ simultan erfüllen — und die Entscheidung darüber, welche Lehrsätze für den erweiterten Begriff erhalten bleiben, welche nicht — z. B. beim Schritt von den reellen zu den komplexen Größen — setzt bei dem Ansatz der Definition bereits einen Einblick in das Lehrsatzgefüge voraus.

Eine Frage, die Gelegenheit zu Erörterungen gegeben hat, ist es, ob die Darstellung einer mathematischen Disziplin in ihrer Definition bereits Rücksicht zu nehmen hat auf eine umfassendere Disziplin. So ist ja z. B. das Verhalten von Funktionen im Komplexen bestimmend auch für das Reelle. Man denke an Exponentialfunktion und logarithmische Funktion. Aber man wird nicht daran denken, den Kreis als geometrischen Ort der Punkte zu definieren, die zu einem festen Punkte in bezug auf die Geraden eines Büschels axialsymmetrisch sind, weil man dann nicht nur im Falle des Parallelenbüschels auch die Ausartung in eine Gerade erfaßt, sondern auch in der hyperbolischen Geometrie noch eine dritte Art von „Kreisen". Auch der ernsthaft erhobenen Forderung, mit Rücksicht auf nichteuklidische Geometrien den Begriff des Dreieckswinkels schon in der Elementargeometrie anders zu fassen als üblich, wird man schwerlich Folge leisten.

Der „Purist", der das Ideal der Darstellung eines mathematischen Sachgebietes in der Reinheit der Methode sieht, wird

---

[1]) H e r m a n n H a n k e l (1839—1873) lehrte in Erlangen.

[2]) R i c h a r d D e d e k i n d (1831—1916) war Prof. der Mathematik in Braunschweig.

[3]) Das geschah in einem Vortrag „Über die Einführung neuer Funktionen in der Mathematik", den D e d e k i n d am 30. Juni 1854, übrigens im Beisein von G a u ß , gehalten hat. Der Vortrag ist erst aus dem Nachlaß bekanntgeworden. Vgl. Werke III, S. 428 ff.

[4]) Vgl. z. B. W. L i e t z m a n n , Elementare Kugelgeometrie, Göttingen 1949, Vandenhoeck und Ruprecht. — A u g u s t F e r d i n a n d M ö b i u s (1790—1868) lehrte in Leipzig, C h r i s t i a n H u g o E d u a r d S t u d y (1862—1930) in Bonn.

natürlich von einer einzigen, der gewählten Methode entsprechenden Definition ausgehen. Eines sollte er allerdings bedenken, wenn er etwa eine für seinen Zweck zurechtgemachte, der allgemeinen Auffassung ferner liegende Form wählt: Er muß den Kontakt mit den üblichen Definitionen aufweisen. Wer es vorzieht, die trigonometrischen Funktionen in der Gestalt von Potenzreihen einzuführen, der hat die Verpflichtung, zu zeigen, daß es sich dabei um die in der elementaren Trigonometrie üblichen Funktionen handelt. Wünschenswert ist obendrein nicht nur der Nachweis, daß die Verbindung wirklich besteht, sondern auch eine Untersuchung darüber, wie man sie auf möglichst kurzem Wege herstellen kann.

Im Gegensatz zur „puristischen" Darstellung eines Gebietes scheint mir aber auch das Verfahren bemerkenswert, den vorliegenden Komplex mathematischer Tatsachen von den verschiedensten Seiten aus und mit den verschiedenartigsten Methoden zu beleuchten. Das tut man am besten, indem man von verschiedenen, diesen Methoden entsprechenden Definitionen ausgeht, wobei man natürlich deren Äquivalenz nachweisen muß. Mir scheint dieses Verfahren gewisse didaktische Vorzüge zu besitzen. Von gleicher Bedeutung wie der Sachgehalt selbst ist doch für den Lernenden die Forschungsmethode. Es ist aber nicht nur zeitraubend, sondern sogar überflüssig, einen vorliegenden Sachgehalt nach jeder dieser Methoden vollständig durchzuarbeiten. Also ziehe man eine Mehrzahl von Methoden heran, bearbeite aber mit einer jeden gerade den Stoff, der sich mit ihr am leichtesten erschließen läßt.

26. Der Aussagenkalkül der Logistik.

Um dem Leser wenigstens eine Vorstellung davon zu geben, wie die Logik zu einem „Kalkül" ausgebildet werden kann, wie also der Übergang von der Wortsprache zu einer Zeichensprache nach Art der Arithmetik gefunden wird, sollen zum Schluß dieses Kapitels einige Bemerkungen gemacht werden.

Eine Menge, die mehr als ein Element enthält, sei so bekannt, daß man von irgendeinem Element aussagen kann, ob es zu der Menge gehört oder nicht. c sei also ein zur Menge gehörendes Element, und das sei alles, was man von ihm weiß. Kommt man mit allein dieser Tatsache zum Beweis einer Formel $A(c)$, so gilt, wenn d ein anderes Element der Menge ist, auch $A(d)$, allgemein also gilt $A(x)$, wo die V a r i a b l e x alle Elemente der Menge vertreten kann. Liegt nun eine Aussage über die x vor, so spricht man von einer Aussagefunktion, man schreibt sie $f x$. Variablen von Aussagefunktionen können wieder Aussagen sein.

Sind *p, q* und *r* etwa als Variablen auftretende Aussagen, dann gibt es zunächst mit ihnen vier Operationen (Grundverknüpfungen):

1. $\lor$ bedeutet **o d e r** (das Zeichen stammt vom lateinischen Wort vel). $p \lor q$ bedeutet also, und man spricht es auch so aus, „*p* oder *q*". Bezeichnet z. B. *p* die Aussage „3 ist eine Zahl", *q* die Aussage „Jedes Viereck ist ein Parallelogramm", so ist $p \lor q$ eine richtige Aussage, weil wenigstens eine der beiden Aussagen *p* und *q* richtig ist. *p* und *q* stehen dabei also nicht im Verhältnis des „entweder — oder" (lat. aut — aut) sondern des „oder auch".

2. Unter der Operation $p \to q$ oder, wie andere schreiben, $\supset q$ 'versteht man die Aussage „aus *p* folgt *q*" oder „*p* impliziert *q*" oder „wenn *p*, so *q*". Sie ist nur dann falsch, wenn *p* richtig und *q* falsch ist.

3. Unter der Operation *p* oder, wie andere schreiben, $\sim p$ versteht man die Negation der Aussage *p*; man liest sie „*p* nicht". Es handelt sich hier um das kontradiktorische Gegenteil.

4. Unter der Operation $p \,\&\, q$ oder, wie andere schreiben, $p \cdot q$ versteht man die Aussage „*p* **u n d** *q*"; man liest sie auch so. Richtig ist die Aussage $p \,\&\, q$, wenn „sowohl die eine wie die andere" richtig ist.

Der Leser mache sich auch die Verknüpfungen 2 bis 4 an dem in 1 gegebenen und ähnlichen Beispielen klar. Über Richtigkeit und Falschheit einer Verknüpfung dann, wenn *p* bzw. *q* richtig (*r*) oder falsch (*f*) ist, gibt die folgende Tabelle Auskunft:

$$r \text{ ist } r \lor r,\ r \lor f,\ f \lor r.$$
$$f \text{ ist } f \lor f.$$
$$r \text{ ist } r \to r,\ f \to f.$$
$$f \text{ ist } r \to f,\ f \to r.$$
$$r \text{ ist } f.$$
$$f \text{ ist } r.$$
$$r \text{ ist } r \,\&\, r.$$
$$f \text{ ist } r \,\&\, f,\ f \,\&\, r,\ f \,\&\, f.$$

Für diese vier Grundverknüpfungen, deren Zahl sich übrigens verringern läßt, so ist z. B. $p \to q$ zu ersetzen durch $\overline{p} \lor q$, gelten die folgenden vier **G r u n d f o r m e l n** (darin bedeuten die Klammern wie in der Arithmetik, daß das in ihnen stehende erst ausgeführt zu denken ist):

1. $(p \lor p) \to p$, d. h. aus *p* oder *p* folgt *p*, ausführlicher: wenn *p* oder *p* richtig ist, dann ist *p* richtig.

2. $p \rightarrow (p \vee q)$. Aus p folgt p oder q. Ausführlicher: wenn p richtig ist, dann ist auch entweder p oder q richtig.

3. $(p \vee q) \rightarrow (q \vee p)$. Ist p oder q richtig, dann ist auch q oder p richtig.

4. $(p \rightarrow q) \rightarrow [(r \vee p) \rightarrow (r \vee q)]$. Wenn p das q impliziert, dann impliziert r oder p die Aussage r oder q.

Nimmt man nun noch zwei G r u n d r e g e l n hinzu, nämlich die E i n s a t z r e g e l :

Für eine Aussagevariable darf man überall, wo sie vorkommt, ein und dieselbe Aussagenverbindung einsetzen,

und die S c h l u ß r e g e l :

Aus den beiden Formeln A und $A \rightarrow B$ gewinnt man die Formel B,

dann hat man einen „Kalkül" zur Hand, mit dem man eine lange Reihe, übrigens vielfach ohne weiteres einleuchtender Regeln für die Umformung von Ausdrücken beweisen kann. Wir haben damit für den Logikkalkül ein „Axiomensystem" aufgestellt, in dem Sinne, wie Entsprechendes später für die Geometrie und die Arithmetik ausführlich behandelt wird.

Ein Beispiel mag das zeigen: Es soll die Formel

$$(p \rightarrow q) \rightarrow [(r \rightarrow p) \rightarrow (r \rightarrow q)]$$

bewiesen werden. Aus der Grundformel 4 folgt, wenn man r für r einsetzt,

$$(p \rightarrow q) \rightarrow [(r \vee p) \rightarrow (r \vee q)].$$

Das ist aber, da man allgemein $p \rightarrow q$ durch $p \vee q$ ersetzen kann, wie wir oben schon angaben,

$$(p \rightarrow q) [(r \rightarrow p) \rightarrow (r \rightarrow q)].$$

Es gehört natürlich einige Übung dazu, selbst so einleuchtende Formeln wie $\overline{\overline{p}} \rightarrow p$ zu „beweisen".

27. Der Funktions- oder Prädikatenkalkül der Logistik. Es ist möglich, mit Hilfe des bisher entwickelten Logikkalküls die Aristotelische Logik zu „beweisen". Sie reicht aber nicht aus, die in der Mathematik erforderliche Logik restlos zu entwickeln. Zu dem Zweck ist eine Erweiterung des Funktionskalküls durch zwei weitere Zeichen erforderlich. Irgendwie ist in den Aussagen Subjekt und Prädikat zu unterscheiden. Ein Prädikat, sagen wir „eine natürliche Zahl sein", wird durch ein Funktionszeichen, mit „Leerstelle", etwa Z ( ), wiedergegeben. Das Subjekt, etwa 3, setzt man in die Leerstelle ein, hat also in Z (3) eine richtige Aussage. Als allgemeines Funktionszeichen mag F ( ) gelten. $F(x)$ heißt also, x erfüllt das mit F ( ) angegebene Prädikat. Statt von Funktionskalkül spricht man deshalb auch von Prädikatenkalkül. Statt eines Subjektes können auch deren mehrere auftreten, also etwa $F(x, y)$ bei einer Beziehung zwischen zwei Subjekten; man spricht dann ja von einer Relation zwischen x und y.

Erforderlich sind nun z. B. in der Mathematik zwei neue Rechenzeichen, das „Allzeichen" oder der „Alloperator" und das „Seinszeichen" oder der „Existenzoperator". Um zum Ausdruck zu bringen, daß das Prädikat F ( ) von j e d e m x erfüllt wird, setzt man (x) vor das Prädikatzeichen. $(x) F(x)$ heißt also „für alle x gilt F ( )". Um zum Ausdruck zu bringen, daß e s ein x g i b t, daß F ( ) befriedigt, schreibt man $(E x) F(x)$.

Jetzt treten zu unseren früheren vier Grundverknüpfungen zwei weitere:

5. $(x)\{F(x)\} \rightarrow F(y)$. Gilt ein Prädikat von allen Variablen einer Menge, dann gilt es auch von einem beliebigen y der Menge.

6. $F(y) \rightarrow (E x)\{F(x)\}$. Gilt ein Prädikat von irgendeinem y der Variablen x, so gibt es einen Wert, der es befriedigt.

Auch noch in einer anderen Hinsicht ist eine Überschreitung der Aristotelischen Logik in der Mathematik üblich, worauf wir schon früher hingewiesen haben (Nr. 12): In einem Urteil wie dem: „Karl ist Otto ähnlich", ist das Prädikat eine Aussagefunktion mit nicht nur einer Leerstelle, sondern mit zwei Leerstellen, wir schreiben das, wie wir schon angaben, in Zeichen $F(x, y)$. Da solche Relationsurteile in der Mathematik eine große Rolle spielen, verlohnt sich die Entwicklung einer Theorie der Aussagefunktionen auch mit zwei Variablen.

Zweites Kapitel: Grundlegung der Geometrie

1. Geschichtliche und psychologische Beweisführung. Der nächstliegende Weg, einen Einblick in den Aufbau der Geometrie zu gewinnen, scheint zunächst der zu sein, der geschichtlichen Entwicklung nachzugehen. Aber gerade die Anfänge der Geometrie, auf die es uns hier in erster Linie ankommt, liegen geschichtlich im Dunkel. Zudem ist der historische Aufbau im Laufe der Jahrhunderte und der wissenschaftliche Aufbau, den die Gegenwart gibt, trotz mancher Parallelitäten im einzelnen doch grundverschieden. Eher noch ist eine solche Übereinstimmung vorhanden mit der psychologischen Entwicklung der mathematischen Grundbegriffe im einzelnen Menschen, entsprechend einem mehrfach ausgesprochenen phylogenetischen Grundgesetz. Aber auch diese psychische Entwicklung geht uns hier zunächst nichts an, wenngleich sie im weiteren Verfolg unserer Überlegungen eine Rolle spielen wird: Wir halten uns zunächst ganz an den unbeirrt von historischen und psychologischen Gesichtspunkten vorgenommenen systematischen Aufbau. Wir werden dabei die besondere Eigenart der Mathematik als Wissenschaft am besten kennenlernen.

2. Grundbegriffe. Wir haben im ersten Kapitel gesehen: Begriffe definieren heißt, sie auf frühere Begriffe zurückführen. Da wir es in der Mathematik mit wohldefinierten Begriffen zu tun haben, wird also unsere erste Sorge sein, von allen in ihrem Lehrgebäude auftauchenden Begriffen vollständige Definitionen voranzustellen. Das hat nun aber seine Grenze. Wir müssen, wollen wir bei unserem Bemühen, neue Begriffe auf frühere zurückzuführen, die Gefahr eines „regressus in infinitum" vermeiden, d. h. einer unendlichen Folge von immer weiter zurückreichenden Definitionen, irgendwo einmal anfangen. Wir beginnen also mit G r u n d b e g r i f f e n. Halten wir uns an die Geometrie, so wird man zunächst einmal als Grundbegriffe in Vorschlag bringen: Punkt, Linie, Fläche, Körper.

Schlagen wir etwa die Bibel der elementaren Geometrie, die Elemente E u k l i d s , auf, so werden wir darin zwar scheinbar Definitionen dieser Begriffe finden, aber wir sehen bald, daß der Schein trügt, daß es sich nur um ein paar Worte handelt, die eine gewisse Übereinstimmung herstellen sollen darüber, worum es sich eigentlich handelt.

Wenn es z. B. heißt: „Der Punkt ist das, dessen Teil nichts ist, die Linie aber ist breitenlose Länge, die Fläche ist das, was nur Länge und Breite hat", so sind das alles keine Definitionen in dem strengen von uns früher geforderten Sinn. Denn um z. B. den Begriff der Breite zu erklären und damit des breitenlosen Gebildes, wird man wohl oder übel bereits den Begriff der Länge benutzen müssen, den aber will man gerade erklären. Es handelt sich also um eine Zirkelerklärung. Wir wollen uns also zunächst auf den Standpunkt stellen, daß Punkt, Linie, Fläche, Körper als Grundbegriffe eingeführt werden.

Man könnte noch eine Vereinfachung der Sachlage darin suchen, daß man die Reihe der Begriffe aus einem von ihnen gleichsam aufbaut. Die beiden häufigsten Wege sind: Man geht vom Punkt aus, gewinnt die Linie als Weg eines Punktes bei einer Bewegung, ebenso die Fläche als Weg einer Linie, den Körper als Weg einer Fläche. Ganz abgesehen von anderen Schwierigkeiten, hat man dabei zumindest noch einen neuen Grundbegriff eingeführt, den der Bewegung.

Und ähnlich ist es bei der anderen Lösung. Man geht vom Körper als dem Grundbegriff aus, man führt die Fläche als Schnitt durch einen Körper (oder, wenn man will, als Begrenzung) ein, die Linie als Schnitt durch eine Fläche, den Punkt als Schnitt in einer Linie. Aber auch hier wird ein neuer Begriff nötig, der Schnitt oder die Grenze.

3. Der Begriff Fläche. Die eben genannten Begriffe sind nun aber keineswegs so einfach und selbstverständlich, daß sie ohne weiteres als Grundbegriffe geeignet wären. Wie leicht man Eigenschaften als selbstverständlich ansehen kann, die es doch nicht sind, die vielmehr gar nicht immer den betreffenden Begriffen zukommen, mögen ein paar Beispiele bezeugen.

Man hält es gemeinhin für „selbstverständlich", daß ein K ö r p e r , den man durchschneidet, in zwei getrennte Stücke zerfällt. Das trifft aber nur für den Sonderfall zu, daß der Körper das „Geschlecht" 0 hat. Ein Ring z. B. ist nicht vom Geschlecht 0; ich kann nämlich einen Schnitt derartig durch ihn legen, daß dennoch der Zusammenhang der Teile erhalten bleibt. Man sagt, der Ring hat das Geschlecht 1. Allgemein spricht man einem Körper das Geschlecht n zu, wenn erst $n + 1$ Schnitte notwendig zur Zerstückelung des Körpers führen.

Wir nehmen gemeinhin an, daß eine allseitig begrenzte F l ä c h e zwei Seiten hat. Wir wollen nun einen rechtwinkligen, länglichen Streifen Papier nehmen, ihn um 180^0 tordieren und nun die Enden aneinanderheften. Dann erhalten wir eine Fläche, wie sie Abb. 8 andeutet. Gibt man jemand den Auftrag, dieses „Möbiussche Band", so nennt man die Fläche, auf der einen Seite grün, auf der anderen rot anzustreichen, so wird man sehr bald merken, daß das nicht geht. Die Fläche hat nur e i n e Seite! Sie hat auch nur eine einzige Begrenzungslinie, nicht etwa zwei, wie man vielleicht vorschnell angenommen hat.

Führt man gleichlaufend mit dem Rande einen vollständigen Rückkehrschnitt aus, so hat man nicht zwei, sondern ein einziges zusammenhängendes Stück in den Händen, das übrigens aus einem Papierstreifen mit einer Torsion um 360⁰ herstellbar wäre. Das Beispiel wird genügen, um zu zeigen, daß der Begriff der Fläche unmöglich so ganz klar und einfach sein kann, wenn man ganze Gruppen von Flächen mit merkwürdigen Eigenschaften jahrtausendelang übersehen hat.

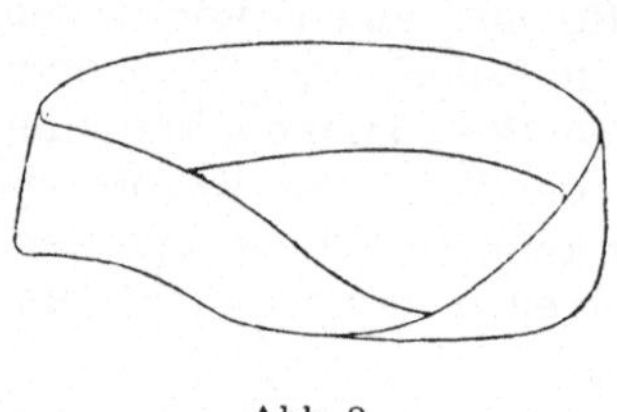

Abb. 8

4. Der Begriff der Kurve. Auch mit dem Begriff der Linie geht es so. Es gibt mehrere Arten von Linien- oder, wie man auch sagt, Kurvenbegriffen. Der Unbefangene denkt zunächst im Sinne der in Nr. 2 gegebenen Erklärung an eine B a h n k u r v e, die durch die Bewegung eines Punktes erzeugt wird. Ist t eine Veränderliche, etwa die Zeit, und denken wir uns die Kurve in einem rechtwinkligen Koordinatensystem untergebracht, so können wir etwa die eine Koordinate $x = \varphi(t)$, die andere Koordinate $y = \psi(t)$ ansetzen, wo φ und ψ eindeutige, stetige Funktionen sind.

Eine andere Auffassung ist die, daß eine Kurve — im engeren Sinne eine geschlossene Kurve — einen G e b i e t s r a n d darstellt. Wir wollen auf weitere Auffassungen verzichten; die beiden genannten bieten schon Merkwürdigkeiten genug.

Abb. 9 zeigt ein geviertes Quadrat, in das ein Linienzug eingezeichnet ist. Abb. 10 zeigt das nächste Stadium. Jedes Viertel ist abermals geviertelt. Auch der Linienzug ist in entsprechender Weise abgeändert worden. Jetzt werde jedes Teilquadrat der Abb. 10 abermals geviertelt und in jedem Teilviertel der Abb. 10 werde an Stelle der Kurve von der Art der Abb. 9 eine Kurve der Art der Abb. 10 gesetzt in der Weise, daß ein zusammenhängender Kurvenzug entsteht. Setzt man dieses Verfahren beliebig weit fort (Abb. 11 zeigt ein weiteres Stadium), dann überdeckt die Kurve mit beliebiger Dichtigkeit das ganze Quadrat. Die P e a n o s c h e K u r v e, wie sie nach ihrem Entdecker genannt wird, überdeckt also allem „gesunden Menschenverstand" zum Trotz eine ganze Fläche!

Geht man von der Auffassung der Kurve als eines Gebietsrandes aus, so wird man geneigt sein, die Teilung der Ebene durch

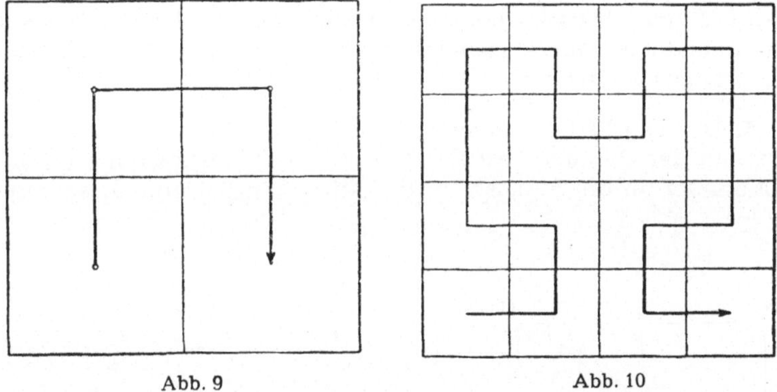

Abb. 9   Abb. 10

eine geschlossene Kurve in zwei Teile, ein Inneres und ein Äußeres, als selbstverständlich hinzunehmen. Ist die Kurve nicht geschlossen, dann tritt das nicht ein. Abb. 12 zeigt zwei spiralen-

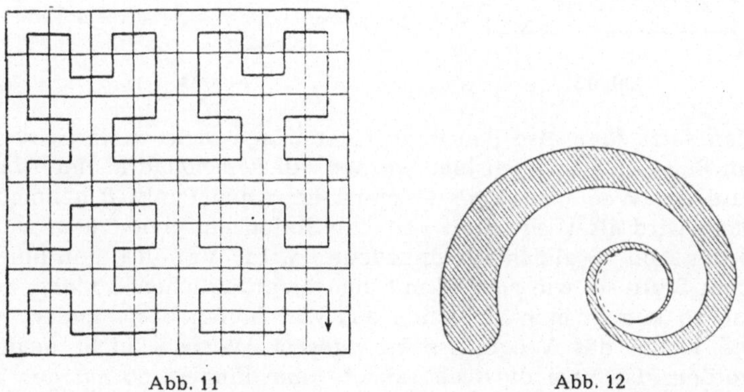

Abb. 11   Abb. 12

förmige Kurven, die sich mit wachsender Windungszahl immer mehr einem Kreise anschmiegen, ohne ihn je zu erreichen. Die Kurven selbst schneiden sich nicht. Ich habe aber ihre Anfänge durch einen Kurvenbogen miteinander verbunden. Diese Kurve, von der ich nicht weiß, ob sie der unbefangene Leser nun als geschlossen oder nicht geschlossen ansehen wird, teilt die Ebene in d r e i Teile: Ein Äußeres, ein schraffiertes Inneres zwischen den ursprünglichen zwei Spiralen, und noch ein anderes Innere, nämlich das des Grenzkreises.

Man wird vielleicht einwenden, daß derartige Kunststückchen nur durch das Eingreifen des Unendlichen zustande kommen. Gewiß! Aber man mache sich doch klar, daß auch bei einer „ganz vernünftigen" Kurve, wie es etwa die Strecke oder der Kreis ist, das Unendliche eine entscheidende Rolle spielt; wir werden später davon noch hören.

5. Der Begriff der Länge. Unter den Definitionsversuchen, die sich mit der Geraden beschäftigen, ist einer der bekanntesten derjenige, der an die Eigenschaft der kürzesten Entfernung anknüpft.

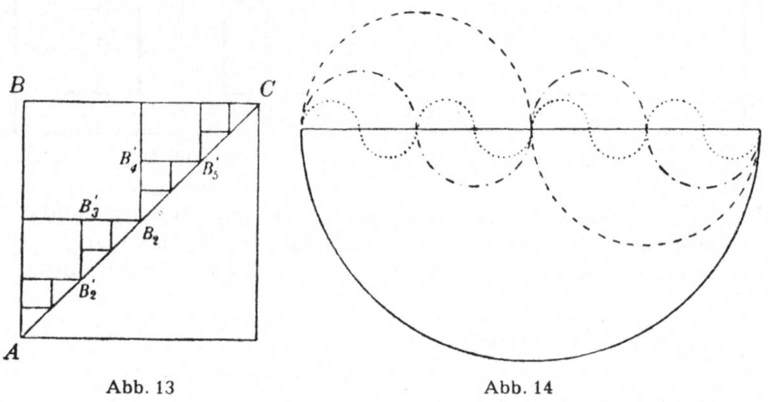

Abb. 13Abb. 14

Man setzt dann also den Begriff der Länge ohne weiteres voraus. Ein Beispiel mag auch hier warnen. In dem Quadrat der Abb. 13 wird der Weg von A bis C zuerst über den Punkt B genommen. Dann wird als Weg eine zweifache Stufenzahl genommen, wie sie in der Abb. 13 gleichfalls angedeutet wird. Verfährt man nun mit jeder Stufe so, wie man es mit dem ursprünglichen Quadrat getan hat, so kommt man auf einen aus vier Stufen bestehenden Weg. Die Länge des Weges ist bei diesem Wechsel nicht geändert worden. Ist etwa die Quadratseite eine Einheit, so hat der Weg die Länge 2. Das bleibt auch der Fall, wenn ich abermals die Stufenanzahl verdoppele. Setze ich das ins Unendliche fort, dann nähert sich die Stufenfolge immer mehr der Quadratdiagonale. Während man hiernach für die Diagonalenlänge gleichfalls den Wert 2 erwarten sollte, wissen wir seit P y t h a g o r a s , daß die Länge der Diagonale den Wert $\sqrt{2}$ hat.

Der gleiche Gedanke wie der Konstruktion dieser „H a n k e l - schen Treppenkurve" liegt manchen anderen Trugschlüssen zugrunde. Fig. 14 zeigt z. B. über einer Strecke, die wir der Einfachheit halber von der Länge 1 annehmen wollen, einen Halbkreis. Seine Länge ist nach der Definition der Zahl π gleich $\frac{\pi}{2}$. Nun ist die Strecke halbiert; über der linken Hälfte ist ein Halbkreis nach oben, über der rechten ein gleicher nach unten konstruiert. Der entstandene Wellenzug hat jetzt, wovon man sich durch Rechnung sofort überzeugt, gleichfalls die Länge $\frac{\pi}{2}$. Jetzt ersetze ich abermals jeden der kleinen Halbkreise durch einen solchen Wellenzug. Dann entsteht ein zusammenhängender Wellenzug, dessen Gesamtlänge $\frac{\pi}{2}$ bleibt. Auch wenn ich das Verfahren beliebig oft wiederhole, ändert sich an der Gesamtlänge nichts. Dann unterscheidet sich aber der Wellenzug beliebig wenig von der ursprünglichen Strecke. Man erhält also mit beliebiger Genauigkeit $\frac{\pi}{2} = 1$!

Bei diesen Beispielen liegt übrigens der Fehlschluß, worauf wir später noch einmal zurückkommen werden, in einer falschen Anwendung des Grenzbegriffes.

6. Praktische Erzeugung von Gerade und Ebene. Unsere Überlegungen haben gezeigt, daß zumindest die Begriffe Linie und Fläche als grundlegende Begriffe recht ungeeignet sind. So werden wir an Stelle unserer ersten Reihe von Grundbegriffen eine andere setzen: Punkt, Gerade, Ebene.

Versuche, diese Begriffe logisch durch Angabe von Oberbegriff und besondere Merkmale zu definieren, hatten wir bereits abgelehnt. Vielleicht aber ist eine andere Art der Definition gangbar: Wie werden denn in der Wirklichkeit Punkte, Geraden und Ebenen hergestellt? Wenn das auch nicht zu endgültigen mathematischen Definitionen führen wird, da, wie wir später noch ausführlich sehen werden, zwischen dem Reiche der abstrakten Geometrie und der sinnlichen Wirklichkeit, wie sie uns unsere Sinneswerkzeuge erschließen, eine große Kluft besteht. Aber wir könnten doch möglicherweise Fingerzeige erhalten auch für die abstrakte Formulierung des Problems.

Es ist recht merkwürdig, daß man sich im allgemeinen recht wenig den Kopf darüber zerbricht, wie man Geraden und Ebenen — über den Punkt ist Wesentliches kaum zu sagen — praktisch herstellt. Um eine Gerade zu ziehen, nimmt man bekanntlich einfach ein Lineal. Ja, aber wo kommt dieses Lineal mit seiner vorbildlichen Geraden her? Eine Erkundigung ergibt: Das Lineal wird nach einem Metallvorbild hergestellt. Das heißt aber nur die Frage verschieben. Wo kommt das Metallvorbild her? Man erhält eine gerade Kante dadurch, daß man eine ebene Fläche mit einer anderen ebenen Fläche schräg anschleift. Man verwendet also den Satz: Zwei Ebenen, die einen Punkt gemeinsam haben, schneiden sich in einer Geraden. Ja, woher aber bekomme ich die Ebene? Man sieht, unsere beiden Begriffe sind — von der Praxis aus gesehen — eng miteinander verbunden.

Mit der praktischen Herstellung einer Ebene ist es nun erst recht eine schwierige Sache. Man erzeugt sie als Sonderfall einer Kugelfläche! Die Tatsache, daß eine Kugel und nur sie überall gleich gekrümmt ist, führt zu einer recht einfachen Art der praktischen Herstellung von Kugelteilen, wie sie etwa in den Linsenschleifereien zu beobachten ist. Eine angenähert gleichmäßig gekrümmte Hohlform wird an einer entsprechenden gewölbten Form allseitig schleifend bewegt, dann entstehen hohler und gewölbter Teil einer Kugelfläche. Habe ich jetzt drei solcher Flächenformen, von denen etwa zwei hohl sind, eine gewölbt ist, und schleife jede auf jeder anderen, so erhalten sie alle mit fortschreitendem Schleifvorgang gleiche Krümmung. Das ist aber nur möglich, wenn alle drei die Krümmung Null erhalten, d. h. Ebenen werden.

Was wir aus der praktischen Herstellung der Geraden und Ebenen für die Lösung unserer Aufgabe lernen können, ist hiernach recht wenig. Wir wollen aber doch erneut anmerken, daß jedenfalls die Begriffe hier gleich verbunden erscheinen mit allerlei, z. T. sogar recht weitgehenden Sätzen (vgl. 1. Kap., Nr. 25).

7. Arithmetisierung der Geometrie. In neuerer Zeit ist man einen anderen Weg zur Erfassung der Begriffe Punkt, Gerade, Ebene gegangen, der uns von der analytischen Geometrie her vertraut ist. Wenn wir die auf der Schule behandelte analytische Geometrie der Ebene auf den Raum verallgemeinern, können wir nach Festlegung eines Koordinatensystems sagen: Der Punkt ist durch ein reelles Zahlentripel (x, y, z) gegeben, die Ebene durch eine lineare Form $a x + b y + c z + d = 0$, die Gerade durch das Nebeneinander zweier solcher linearer Formen (geometrisch gesprochen also wieder wie eben als Schnitt zweier Ebenen), die voneinander unabhängig und widerspruchsfrei sein müssen.

Wer kritisch veranlagt ist, wird freilich einwenden: Zur Festlegung des Koordinatensystems braucht man bereits Ebenen, noch dazu solche, die rechtwinklig aufeinander stehen — wenigstens wenn es sich um das übliche „cartesische" Koordinatensystem handelt —, und damit auch Geraden und Punkte. Ich will hier einfach berichten, daß man sich von diesem scheinbaren Zirkel frei machen kann, daß man also die Grundbegriffe tatsächlich ganz „arithmetisieren", d. h. die ganze Geometrie ins Reich der Zahlen hinüberspielen kann.

Es wird sich an späterer Stelle Gelegenheit ergeben, auf diese Auffassung zurückzukommen. Zunächst werden wir diesen Weg nicht gehen, sondern das Geometrische geometrisch zu erfassen suchen.

8. Forderungen und Grundsätze bei Euklid. Ähnlich wie mit den Begriffen ergeht es uns mit den Sätzen. Lehrsätze beweisen heißt, sie auf frühere zurückführen. Irgendwo muß man also einmal anfangen, wenn man einen „regressus in infinitum" vermeiden will. Wir werden also G r u n d s ä t z e an die Spitze stellen. Mit der Frage, welche Sätze das sein müssen oder sein können, werden wir uns jetzt beschäftigen. Der erste, der unseres Wissens diesen Weg bewußt gegangen ist, war E u k l i d (um 325 v. Chr.). Sehen wir bei ihm zu, welche Sätze als Grundsätze oder, wie wir auch sagen werden, A x i o m e an der Spitze stehen.

E u k l i d unterscheidet zwei Gruppen solcher Anfangssätze. In der ersten Gruppe finden wir die folgenden fünf „F o r d e r u n g e n" (P o s t u l a t e):

1. Von jedem Punkte läßt sich zu jedem Punkte eine und nur eine Strecke ziehen.
2. Diese Strecken lassen sich kontinuierlich auf ihrer Geraden ausziehen.
3. Um jeden Mittelpunkt läßt sich mit jedem Abstand ein und nur ein Kreis ziehen.
4. Alle rechten Winkel sind gleich.
5. Wenn eine zwei Geraden schneidende Gerade mit ihnen innere, an derselben Seite liegende Winkel bildet, die zusammen kleiner als zwei rechte sind, so schneiden sich die beiden geschnittenen Geraden bei unbegrenzter Verlängerung auf der Seite, auf der die Winkel liegen.

In der zweiten Gruppe finden wir die folgenden fünf „G r u n d - s ä t z e" (A x i o m e):

1. Was demselben dritten gleich ist, ist unter sich gleich.
2. Wird Gleiches zu Gleichem addiert, so sind die Ganzen gleich.
3. Wird Gleiches von Gleichem subtrahiert, so sind die Reste gleich.
4. Das Ganze ist größer als sein Teil.
5. Einander Deckendes ist gleich.

4*

9. Was sind Axiome? Naturgemäß wird man die Frage aufwerfen: Was sind Axiome? Damit hängt die Frage nach dem Wesen der Mathematik zusammen, ob ihre Sätze „richtig", ob sie „wahr" sind. Im Schlußkapitel wird etwas zu diesen Dingen zu sagen sein, die Sache der Philosophie, insbesondere der Erkenntnislehre sind. Hier nur soviel: Die einen fassen die Axiome als „Dogmen" auf, etwa einer reinen Anschauung, andere als „Vertragsbestimmungen" oder als „Spielregeln". Der vorsichtige Mann wird so formulieren: „Wenn die Axiome A_1 bis A_n gelten, dann gilt auch der Satz...", wo nun irgendein aus den Axiomen hergeleiteter Lehrsatz folgt. Er hält also die ganze Mathematik für ein System hypothetischer Urteile.

10. Vollständigkeit des Axiomensystems. Die erste Forderung, die wir an ein System von Axiomen stellen werden, ist seine

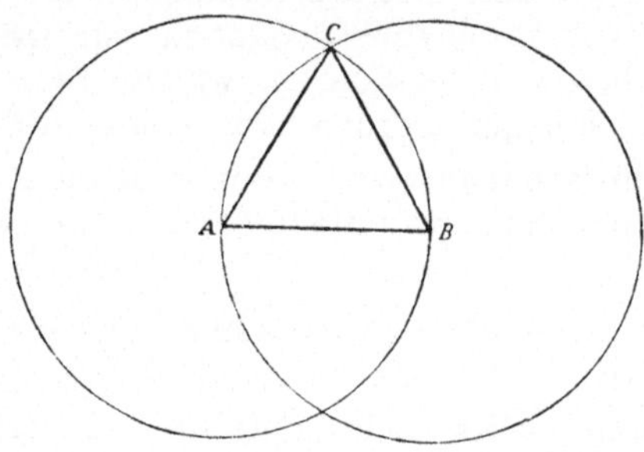

Abb. 15

Vollständigkeit. Wir wollen wirklich die Gesamtheit aller nachher tatsächlich notwendig werdenden, unbewiesenen Tatsachen beieinander haben. Diese Forderung ist nicht leicht zu nehmen. Wir pflegen bei geometrischen Beweisen, wie wir noch des öfteren sehen werden, selbst wenn wir uns auf den bis jetzt bekannten Gebietsumfang der Geometrie beschränken, recht häufig die Anschauung zu Hilfe zu nehmen, manchmal ohne uns dessen recht bewußt zu werden. Wir wollen jetzt aber gerade solche anschaulichen Hilfen ausschalten, wir wollen lediglich die logischen Verbindungen sprechen lassen.

Ist das Euklidische Axiomensystem vollständig? Um das zu untersuchen, sehen wir uns die erste Nummer seines Satz- und Aufgabensystems an. Es heißt dort (Abb. 15):

Aufgabe: Über einer gegebenen Strecke AB ist ein gleichseitiges Dreieck zu errichten.

Konstruktion: Um den Mittelpunkt A werde mit dem Radius AB der Kreis beschrieben und ebenso um B mit dem Radius BA;

von C, dem Punkt, in welchem sich die Kreise schneiden, mögen nach den Punkten A und B die Verbindungsstrecken $C\,A$ und $C\,B$ gezogen werden.

Nun folgt noch der Beweis.

Sind hier wirklich nur solche Axiome benutzt worden, die E u k l i d vorher ausdrücklich ausgesprochen hat? Nun, man sieht sofort, daß ohne vorangegangene Formulierung aus der An-schauung die Tatsache entnommen wird, daß jene beiden ge-zeichneten Kreise sich schneiden. E u k l i d hätte also vor seiner Aufgabe entweder noch ein weiteres Axiom aussprechen müssen, oder er hätte aus seinen Axiomen die der Anschauung ent-nommenen Tatsachen beweisen müssen. Tatsächlich läßt sich zeigen, daß ein solcher Beweis nicht möglich ist. Wir kommen also zu dem Ergebnis, daß das Axiomensystem E u k l i d s unvoll-ständig ist — darauf hat schon L e i b n i z [1]) hingewiesen.

Eine ganze Reihe von Mathematikern hat sich bemüht, das Axiomensystem E u k l i d s zu vervollständigen [2]); das kann auf verschiedene Weise geschehen. Wir wollen ihnen auf diesem Wege nicht folgen, sondern ein in seinem Aufbau übersichtlicheres Axiomensystem in den nächsten Nummern ausführlich erörtern, dasjenige von H i l b e r t [3]).

Wie ist die Sachlage, wenn ein Axiomensystem nicht voll-ständig ist? Nehmen wir etwa an, wir verzichten auf das Parallelen-axiom, von dem wir gleich (Nr. 26) ausführlich sprechen werden. Dann spaltet sich die Geometrie eben in zwei Zweige, einen, in dem die Aussage des Parallelenaxioms gilt, und einen zweiten, in dem sie nicht gilt. Übrigens hat man diesen zweiten Zweig wieder noch in zwei Zweige aufgespalten, also sogar drei „Geometrien", eine euklidische und zwei nichteuklidische unterschieden.

So gesehen bedeutet also Vollständigkeit des Axiomensystems Ausschluß solcher Aufspaltungen.

Damit hat man natürlich kein Kriterium dafür in der Hand, daß die Forderung der Vollständigkeit erfüllt ist. Man begnügt sich im allgemeinen mit der reinen Erfahrungstatsache, daß alle tatsächlich vorgekommenen Axiome wirklich ausdrücklich formuliert sind. Das klingt übrigens einfacher, als es in der Tat ist, wie das Beispiel E u k l i d lehrt.

---

[1]) Der Mathematiker, Philosoph und Staatsmann G o t t f r i e d W i l h e l m v o n L e i b n i z (1646—1716) wurde in Leipzig geboren und wirkte später namentlich in Hannover.

[2]) In dieser Hinsicht ist namentlich eine Reihe italienischer Schulbücher vor-bildlich.

[3]) D a v i d H i l b e r t (1862—1943), geboren in Königsberg i. Pr., lehrte an der Universität Göttingen.

In einer vom jeweiligen Grade bisheriger Erfahrung unabhängigen, endgültigen Fassung kann man so sagen: Ein Axiomensystem ist vollständig, wenn es nicht möglich ist, einen nicht aus
den vorhandenen Axiomen ableitbaren Satz als Axiom dem vorhandenen Axiomensystem hinzuzufügen, ohne daß ein Widerspruch entsteht.

Mit der Forderung eines solchen Unmöglichkeitsbeweises steht
man allerdings vor einer sehr schwierigen Aufgabe.

11. Die Axiome der Verknüpfung. H i l b e r t unterscheidet
fünf Axiomengruppen; die erste nennt er die Gruppe der V e r -
k n ü p f u n g. Wir werden den Grund für diese Benennung gleich
verstehen, wenn wir sie uns im einzelnen ansehen. Es sind insgesamt acht Axiome:

I, 1. Zwei voneinander verschiedene Punkte bestimmen stets eine
   Gerade.

I. 2. Irgend zwei voneinander verschiedene Punkte einer Geraden
   bestimmen diese Gerade.

I, 3. Auf einer Geraden gibt es stets wenigstens zwei Punkte, in
   einer Ebene gibt es stets wenigstens drei nicht auf einer
   Geraden gelegene Punkte.

I, 4. Drei nicht auf einer und derselben Geraden liegende Punkte
   bestimmen stets eine Ebene.

I, 5. Irgend drei Punkte einer Ebene, die nicht auf ein und derselben Geraden liegen, bestimmen die Ebene.

I, 6. Wenn zwei Punkte einer Geraden in einer Ebene liegen, so
   liegt jeder Punkt der Geraden in der Ebene.

I, 7. Wenn zwei Ebenen einen Punkt gemein haben, so haben sie
   wenigstens noch einen weiteren Punkt gemein.

I, 8. Es gibt wenigstens vier nicht in einer Ebene gelegene Punkte.

Das, was in diesen acht Sätzen ausgesagt wird, dreht sich in
der Tat immer um die Verknüpfung der drei Grundgebilde Punkt,
Gerade, Ebene. Die Verknüpfung wird durch die Verben „liegen
auf", „gemein haben", „bestimmen" bezeichnet. Mit allen drei
Worten wird der gleiche Beziehungsbegriff bezeichnet, wenn es
auch nicht ganz leicht ist, die Axiome so zu fassen, daß in ihnen
allen die Beziehung der Verknüpfung nur durch ein einziges
dieser Worte, etwa durch „bestimmen", ausgedrückt wird. Es wird
durch die Axiome gewissermaßen der Begriff „bestimmen" festgelegt. Es handelt sich also hier neben den drei gegenständlichen

Grundbegriffen um einen weiteren vierten, einen Relationsgrund-
begriff [1].

Vielleicht ist es gut, noch einmal Umschau zu halten, ob nicht
noch andere Begriffe in den Axiomen mit untergelaufen sind. Wir
bemerken zunächst allerlei rein logische Grundbeziehungen, etwa
die Elemente „alle", „verschieden", „gleich", „wenigstens", „es
gibt". Daneben tauchen die einfachsten Zahlbegriffe bis hin zur
vier auf. Die geometrischen Grundbegriffe aber haben wir mit
unserer Vierzahl vollständig erfaßt.

Man kann diese Axiomengruppe noch in zwei Teile spalten;
die ersten drei sind die ebenen, die letzten fünf die räumlichen
Axiome der Gruppe. Wer sich etwa mit der Entwicklung der
Planimetrie begnügen wollte, der käme mit den ersten drei aus.
Wer einmal in einer sorgfältigen Einführung in die Stereometrie
nach den Axiomen forscht, der wird sie, soweit sie nicht wie die
Existenzforderungen 3 und 8 als selbstverständlich übergangen
sind, in den grundlegenden Erklärungen wiederfinden.

12. Die Unabhängigkeit der Axiome. Man wird sich nicht mit
der Forderung der Vollständigkeit des Axiomensystems begnügen
können. Man wird auch verlangen, daß möglichst wenig als
Grundsatz ausgesprochen wird, daß also alles, was aus den vorhandenen Axiomen sich beweisen läßt, nicht noch als eigenes
Axiom formuliert wird. Daß zunächt im einzelnen Axiom nichts
Überflüssiges verlangt wird, also nichts, was ohnedies logisch,
d. h. durch Beweis folgt, wird man schon der Fassung unserer
Axiome ansehen können. So ist z. B. nur gefordert worden, daß
zwei Ebenen, die einen Punkt gemein haben, mindestens noch
einen zweiten Punkt gemein haben (I, 7), statt daß man gleich
gefordert hätte, die beiden Ebenen sollten dann eine Gerade
gemein haben. Denn wenn die beiden Ebenen noch einen zweiten
Punkt gemein haben, so kann ich nach I, 1 durch beide Punkte
eine Gerade legen, und diese liegt nach I, 6 sowohl in der einen
wie in der anderen Ebene.

Wir werden ebenso aber ein Axiom ablehnen, das sich aus der
Gesamtheit der anderen herleiten läßt. Statt Unabhängigkeit
könnte man also, wie das G e i g e r vorgeschlagen hat, „Unableit-
barkeit" sagen.

Allerdings ist die Erfüllung dieses Wunsches nicht ganz
so einfach, wie er sich aussprechen läßt. Gewiß, wenn wir ein
Axiom A_n haben, das aus den anderen Axiomen $A_1, A_2, \ldots A_{n-1}$

---

[1] In der letzten, 7. Aufl. (1930) von D. H i l b e r t , Grundlagen der Geometrie
(Leipzig, B. G. Teubner) wird für „bestimmen" das noch etwas farblosere Verb
„zusammengehören" gewählt.

durch einen Lehrsatz ableitbar ist, dann werden wir es als Axiom ablehnen und sagen, daß es ein Lehrsatz sei. Wer verbürgt mir aber die Unmöglichkeit der Ableitung, wenn sie bis heute noch nicht gelungen ist, für alle Zeiten? Ist es möglich, die Entscheidung über die Unabhängigkeit eines Axioms von einer gewissen Anzahl anderer grundsätzlich und ein für allemal zu fällen? Wir werden die Frage mit Ja beantworten durch die Einführung des Verfahrens der sogenannten Ausfallsgeometrien.

13. Geometrie als Beziehungslehre. Zuvor müssen wir eine allgemeine Überlegung anstellen. Wenn wir die Konsequenzen aus unserer Forderung, die Anschauung ganz auszuschalten und nur die Logik sprechen zu lassen, bis zum letzten ziehen, so dürfen wir auch mit unseren Grundbegriffen „Punkt", „Gerade", „Ebene", „bestimmen" keine anschaulichen Vorstellungen verbinden. Oder auch so: wir dürfen von diesen Begriffen nur soviel als gegeben ansehen, wie in den Axiomen steht. Wenn also irgendwelche anschaulichen Stellvertreter der Begriffe die Bedingungen der Axiome erfüllen, dann sind sie unseren üblichen Vorstellungen von „Punkt", „Gerade", „Ebene" und „bestimmen" ganz gleichwertig.

Das Wesentliche ist also das Bestehen gewisser Beziehungen, das Unwesentliche sind die „Bilder", die wir den Begriffen unterlegen und die bald diese, bald jene sein können. So ergibt sich uns die Grundlegung der Geometrie als die Aufstellung einer B e z i e h u n g s l e h r e.

Diese Tatsache wirft ein neues Licht auf frühere Überlegungen. Wir sagten, die Grundbegriffe ließen sich nicht definieren. Ich kann also kein Urteil A aussprechen, das den Begriff B definiert. Wir können jetzt aber die Sachlage so auffassen: Wir können eine Reihe von Urteilen, eben unsere Axiome A_1, A_2, $\ldots A_n$, aussprechen, in denen die Begriffe B_1, B_2, $\ldots B_m$, eben unsere Grundbegriffe, logisch miteinander verbunden werden. Das ist im allgemeineren Sinne auch eine Art Definition (der frühere Fall ergibt sich für $n = m = 1$). Ich darf eben von den Begriffen B_1, B_2, $\ldots B_m$ nur soviel bei den weiteren Folgerungen verwenden, als in den Axiomen A_1, A_2, $\ldots A_n$ steht. Man spricht in diesem Fall von einer „impliziten" Definition im Gegensatz zu der sonstigen „expliziten" Definition.

14. Beispiele von Bildgeometrien. Das wird sofort klarer werden, wenn wir nun einmal einige solcher Geometrien entwickeln. Damit ich nicht in den Fehler verfalle, mit den Bezeichnungen Punkt, Gerade, Ebene unsere üblichen Anschauungen zu ver-

binden, will ich statt dessen „Gebilde 1., 2. und 3. Stufe" sagen;
der Begriff „bestimmen" in unserem Sprachgebrauch ist so allgemein, daß ich ihn wohl beibehalten kann. Ich will mich nicht
mit der Gesamtheit aller Verknüpfungsaxiome beschäftigen,
sondern drei herausgreifen, die ich nun noch einmal ausspreche:

1. Zwei voneinander verschiedene Gebilde erster Stufe bestimmen
   ein und nur ein Gebilde zweiter Stufe.

2. Auf jedem Gebilde zweiter Stufe liegen wenigstens zwei Gebilde erster Stufe.

3. Es gibt wenigstens drei Gebilde erster Stufe, die nicht auf ein
   und demselben Gebilde zweiter Stufe liegen.

Wir wollen eine ganze Anzahl von Geometrien kennenlernen,
und zwar zunächst einmal solche, in denen alle drei Axiome erfüllt sind.

   I. Die Gebilde erster Stufe sind alle Punkte einer Ebene, die
      Gebilde zweiter Stufe alle Geraden dieser Ebene. Die Rela-
      tion „bestimmen" hat die übliche Bedeutung.

  II. Die Gebilde erster Stufe sind alle Geraden einer Ebene mit
      Einschluß der unendlich fernen Geraden, die Gebilde zweiter
      Stufe sind alle Punkte dieser Ebene mit Einschluß der unend-
      lich fernen Punkte der Ebene. Die Relation „bestimmen" hat
      die übliche Bedeutung.

 III. Die Gebilde erster Stufe sind alle Punkte einer Ebene mit
      Ausschluß eines Punktes P, die Gebilde zweiter Stufe alle
      Kreise, die durch P gehen. Die Relation „bestimmen" hat die
      übliche Bedeutung.

  IV. Die Gebilde erster Stufe sind alle Punkte einer Ebene, die Ge-
      bilde zweiter Stufe alle Kreise, die einen festen Kreis senk-
      recht schneiden. Die Relation „bestimmen" hat die übliche
      Bedeutung.

Der Leser mag selbst nachweisen, daß ein „Diametral-
kreis" durch zwei seiner Punkte eindeutig bestimmt ist (Sekanten-
Tangentensatz).

   V. Die Gebilde erster Stufe sind die Eckpunkte eines Dreiecks,
      diejenigen zweiter Stufe die Seiten dieses Dreiecks. Die Rela-
      tion „bestimmen" hat die übliche Bedeutung.

Schließlich, damit man sieht, daß wir uns durchaus nicht im
Bereiche der Geometrie zu bewegen brauchen:

  VI. Die Gebilde erster Stufe sind die Ziffern 1 bis 9. Die Gebilde
      zweiter Stufe sind die zweistelligen Zahlen der Form $10\,a + b$,
      wo a und b Ziffern 1 bis 9, jedoch $a > b$ ist. Die Relation

„bestimmen" hat die übliche Bedeutung. (Warum ist die Bedingung $a > b$ gegeben?)

VII. Die Gebilde erster Stufe sind vier Personen A, B, C und D, die Gebilde zweiter Stufe die aus ihnen zu bildenden Personenpaare $A\,B$, $A\,C$, $A\,D$, $B\,C$, $B\,D$, $C\,D$. Die Relation „bestimmen" bedeutet „Paarebilden".

Man wird derartige Überlegungen zunächst vielleicht für Spielerei halten. Sie sind es keineswegs. Habe ich ein Axiomensystem und für die darin auftretenden Begriffe ein Bild, so gelten auch alle aus dem Axiomensystem ableitbaren Sätze für diese Bilder. Man braucht nur gewissermaßen das Vokabularium der Begriffsbedeutungen aufzuschlagen und das eine Wort durch das andere zu ersetzen. So liegt beispielsweise dem Nebeneinander der beiden Geometrien I und II, allerdings erst bezüglich der allerersten Axiome, das Dualitätsprinzip zwischen Punkt und Gerade in der durch die unendlich fernen Gebilde erweiterten „projektiven" Ebene zugrunde.

15. Ausfallsgeometrie. Wir wollen nun an dem gleichen Axiomentripel zeigen, wie man durch Konstruktion von „Ausfallsgeometrien" die Unabhängigkeit von Axiomen nachweisen kann. Ich stelle drei Geometrien auf:

I. Die Gebilde erster Stufe sind alle Punkte einer Ebene, diejenigen zweiter Stufe alle Kreise dieser Ebene.

II. In der Ebene ist ein Kreis gegeben. Die Punkte innerhalb des Kreises und auf seinem Umfange sind die Gebilde erster Stufe, alle Geraden der Kreisebene sind die Gebilde zweiter Stufe.

III. Die Gebilde erster Stufe sind die Punkte einer Geraden, die Gerade selbst ist das einzige Gebilde zweiter Stufe.

Die Relation „bestimmen" hat überall die übliche Bedeutung.

Wenn wir jetzt zusehen, ob für diese Geometrien die Axiome erfüllt sind, so bemerken wir: Die erste Geometrie erfüllt das erste Axiom nicht, wohl aber die beiden anderen, die zweite erfüllt das zweite Axiom nicht, wohl aber die beiden anderen, die dritte schließlich erfüllt das dritte Axiom nicht, wohl aber die beiden anderen. Daraus folgt aber, daß alle drei Axiome unabhängig voneinander sind. Wäre nämlich das erste Axiom rein logisch aus den beiden anderen ableitbar, dann könnte eine Geometrie I nicht bestehen; wäre das zweite Axiom eine logische Folge des ersten und letzten, dann könnte die Geometrie II nicht bestehen. Daß schließlich das dritte Axiom logisch aus den beiden ersten folgt, verbietet die Existenz der Geometrie III. Man nennt derartige Bildgeometrien, bei denen ein Axiom „ausfällt", Ausfallsgeometrien. Natürlich wird in unseren Beispielen die Existenz der euklidischen Geometrie als gesichert vorausgesetzt. Übrigens ist die Konstruktion solcher Ausfallsgeometrien, wenn man die Gesamtheit der Axiome erfaßt, keineswegs so einfach wie in diesen primitiven Fällen. Zunächst erfordert die Formulierung von Ausfallsgeometrien bei manchen Axiomen einiges Nachdenken. Der Leser versuche sich z. B. an dem Nachweis der Unabhängigkeit der beiden scheinbar recht ähnlichen Axiome I, 1 und I, 2. Wir werden aber später obendrein sehen, daß die Axiome insofern untereinander „verfilzt" sind, als ein Axiom gewissermaßen andere bereits voraussetzt. In solchen Fällen begegnet die Erledigung der Forderung der Unabhängigkeit recht großen Schwierigkeiten. Man unterscheidet zuweilen zwischen „absoluter" und „geordneter" Unabhängigkeit. Bei der „geordneten" Unabhängigkeit weist man von jedem neu eingeführten Axiom A_ν die Unabhängigkeit von allen vorangehenden A_1, A_2, ... $A_{\nu-1}$ nach, bei der „absoluten" dagegen wird die Unabhängigkeit eines jeden A_ν von der Gesamtheit aller übrigen Axiome, also von A_1, A_2, ... $A_{\nu-1}$, $A_{\nu+1}$, ... A_n nachgewiesen. Eine Art gemischtes System ist es, wenn man nur innerhalb der einzelnen Axiomengruppen absolute Unabhängigkeit verlangt. Hier kommt es uns aber nur darauf an, den Grundgedanken aufzuweisen.

16. Widerspruchslosigkeit. Mit den beiden Forderungen der Vollständigkeit und der Unabhängigkeit können wir uns noch nicht zufrieden geben. Wir müssen weiter die Widerspruchslosigkeit der Axiome verlangen. Natürlich wird man in ein Axiomensystem nicht ein Axiom A_1 und ein Axiom A_2 aufnehmen, von denen das eine das Gegenteil des anderen aussagt. Aber wer gibt uns die Gewähr, daß nicht aus irgendwelchen Axiomen ein Lehrsatz L_1 und aus irgendwelchen anderen, vielleicht zum Teil auch den gleichen Axiomen, ein zweiter Lehrsatz L_2 rein logisch hergeleitet wird, der mit L_1 in Widerspruch steht? Gewiß, bis heute ist das noch nicht in der Geometrie vorgekommen. Wer aber verbürgt, daß es nicht eines Tages doch geschieht? Wir werden also Widerspruchslosigkeit in weitestem Umfange fordern.

Leider steht es mit der Erledigung dieser Forderung nicht so klar, wie mit derjenigen der Unabhängigkeit. Aber soviel kann doch hier gezeigt werden: Wenn wir die Widerspruchslosigkeit der Arithmetik voraussetzen, dann ist auch diejenige der Geometrie gewährleistet. Zwar ist das nur ein Verschieben der Entscheidung — wir werden im nächsten Kapitel in der Arithmetik auf die Frage zurückkommen —, aber vielleicht erscheint manchem ohne weiteres das Gebäude der Arithmetik gesicherter als dasjenige der Geometrie.

In der analytischen Geometrie zeigt man, daß — wenn wir uns im Augenblick auf die Ebene beschränken — der Punkt durch ein Zahlenpaar, die Gerade durch eine lineare Form $a\,x + b\,y + c = 0$ dargestellt wird; dabei sind a und b nicht gleichzeitig gleich 0. Jede geometrische Aussage über Punkt und Gerade, über „bestimmen" usf. läßt sich hiernach eindeutig in eine arithmetische übersetzen. Käme nun ein Widerspruch in der Geometrie heraus, so müßte er sich auch in der arithmetischen Entwicklung offenbaren. Setzen wir aber die Arithmetik widerspruchsfrei voraus, dann ist das ausgeschlossen.

Wir wollen jetzt noch einen Blick auf die Frage der Unabhängigkeit zurückwerfen. Wir benutzten für Bildgeometrien und Ausfallsgeometrien mehrfach unsere euklidische Geometrie und schlossen aus der Tatsache, daß irgendein Axiom nicht erfüllt war, auf Unabhängigkeit. Daß ein Widerspruch in der euklidischen Geometrie möglich wäre, der Gedanke kam uns damals nicht. Jetzt aber müssen wir die Tatsache feststellen, daß wir also auch bereits beim Nachweis der Unabhängigkeit von Axiomen die Widerspruchsfreiheit der euklidischen Geometrie benutzt haben, natürlich nur, wenn wir unsere Bilder aus der euklidischen Geometrie wählten.

Noch eine andere Überlegung zeigt, wie Widerspruchslosigkeit und Unabhängigkeit eng untereinander verknüpft sind. Die absolute Unabhängigkeit des Axioms A_ν von den andern Axiomen bedeutet nämlich nichts anderes, als daß das Gegenteil von A_ν, ich will es mit A_ν bezeichnen, zu den anderen Axiomen nicht im Widerspruch steht.

17. Die Axiome der Anordnung. Wir wollen uns jetzt der zweiten Axiomengruppe zuwenden; H i l b e r t nennt sie die A x i o m e d e r A n o r d n u n g. Der Relationsbegriff, der in ihnen festgelegt wird, genau so wie in der ersten Gruppe der Begriff des Bestimmens, ist der Begriff „zwischen". Ich schreibe zunächst die vier Axiome hin:

II, 1. Wenn ein Punkt B zwischen einem Punkte A und einem Punkte C liegt, so sind A, B, C drei verschiedene Punkte einer Geraden und B liegt auch zwischen C und A.

II, 2. Wenn A und C zwei Punkte einer Geraden sind, so gibt es stets wenigstens einen Punkt B, der zwischen A und C liegt, und wenigstens einen Punkt D, so daß C zwischen A und D liegt.

II, 3. Unter irgend drei Punkten einer Geraden gibt es stets einen und nur einen, der zwischen den beiden anderen liegt.

II, 4. Es seien A, B, C drei nicht in einer geraden Linie gelegene Punkte und a eine Gerade in der Ebene ABC, die keinen der Punkte A, B, C trifft; wenn dann die Gerade a durch einen Punkt der Strecke AB geht, so geht sie gewiß auch entweder durch einen Punkt der Strecke BC oder durch einen Punkt der Strecke AC.

Diese Axiome hat zuerst P a s c h [1]) untersucht — nach ihm pflegt man das Axiom II, 4 zu benennen —, doch hat schon G a u ß auf sie hingewiesen [2]).

Man kann den Inhalt der beiden Axiome II, 2 und II, 3 noch etwas kürzen, indem man sagt

II, 2′. Zu zwei Punkten A und C gibt es stets wenigstens einen Punkt D auf der Geraden AC so, daß C zwischen A und D liegt (das ist also nur der zweite Teil des früheren Axioms II, 2).

II, 3′. Unter irgend drei Punkten einer Geraden gibt es nicht mehr als einen, der zwischen den beiden anderen liegt.

Jetzt läßt sich nämlich mit Hilfe der übrigen Axiome, insbesondere auch des P a s c h schen Axioms beweisen, daß es stets wenigstens einen Punkt B auf der Geraden AC gibt, der zwischen A und C liegt, und daß es unter irgend drei Punkten A, B, C einer Geraden stets einen gibt, der zwischen den beiden anderen liegt [3]).

Wir wollen noch an dem P a s c h schen Axiom hervorheben, wie die einzelnen Axiome, worauf wir schon früher (Nr. 15) hingewiesen hatten, untereinander „verfilzt" sind. Das Axiom II, 4 ist natürlich nur denkbar, wenn drei nicht in einer Geraden gelegene Punkte existieren, wenn also I, 3 zutrifft. So setzen also Axiome einer Gruppe recht oft Axiome früherer Gruppen voraus. In welchem Umfange das der Fall ist, lehrt etwa das archimedische Axiom (Nr. 28).

18. Die Axiome der Verknüpfung und die Wirklichkeit. Wir haben bisher drei Forderungen gekennzeichnet, die man an ein Axiomensystem stellt. Damit ist aber über die allerwichtigste

---

[1]) M o r i t z P a s c h (1843—1930) lehrte an der Universität Gießen.

[2]) In einem Brief vom 6. März 1832 an W o l f g a n g B o l y a i schreibt G a u ß : „Bei einer vollständigen Durchführung müssen solche Worte wie z w i s c h e n auch erst auf klare Begriffe gebracht werden, was sehr gut angeht, was ich aber nirgends geleistet finde."

[3]) Der Beweis ist z. B. bei H i l b e r t in der 7. Aufl. der „Grundlagen", S. 5 und 6, gegeben.

Forderung noch nichts gesagt: Man will doch nicht irgendwelche beliebigen Grundsätze aufstellen, mit denen man allerdings logisch gut jonglieren kann, sondern man will eine Geometrie aufbauen, mit der man im Raum der uns umgebenden Wirklichkeit etwas anfangen kann. Die Axiome müssen also wirklichkeitsnah sein. Wir wollen uns von diesem Gesichtspunkt aus zunächst noch einmal die Axiome der ersten Gruppe ansehen. Welche Eigenschaften des wirklichen Raumes sie festlegen, erscheint klar. Wir bemerken z. B. die Festlegung der Dreidimensionalität durch die Axiome I, 3 und I, 8, ebenso die Formulierung von allerlei Eigenschaften, die uns bei der praktischen Herstellung einer Geraden mit Hilfe eines Lineals von Bedeutung erschienen, wie die Axiome I, 6 und I, 7.

Wichtig erscheint aber auch die Feststellung dessen, was noch nicht durch diese Axiomengruppe festgelegt ist. Ich hebe zwei Dinge hervor:

1. Der Raum könnte noch aus einer diskreten Menge von Punkten, Geraden und Ebenen aufgebaut sein.

Eine Geometrie, die das zeigt, ist leicht anzugeben. Nehmen wir als Punkte die Ecken, als Geraden die Kanten, als Ebenen die Flächen eines Tetraeders, dann sind, wie man sofort sieht, alle acht Verknüpfungsaxiome erfüllt. Und doch zählt diese ganze Geometrie nur vier Punkte, sechs Geraden und vier Ebenen.

Dabei braucht übrigens das Tetraeder keineswegs ein „mathematischer" Körper zu sein; es kann ein Gegenstand der den Sinnen zugänglichen Wirklichkeit sein, etwa aus Blech, grün angestrichen, vielleicht etwas verbeult. — Oder, um es noch drastischer zu sagen: Zwischen vier Wäschepfählen, deren keine drei in einer Ebene stehen, sind sechs Leinen gespannt, so daß die vier Befestigungsstellen nicht in einer Ebene liegen. Die Befestigungsstellen sind die Punkte, die Leinen die Geraden, je drei Leinen bestimmen eine Ebene.

2. Der Raum kann endlich sein. Nehmen wir das Innere einer Kugel mit Einschluß der Oberfläche als Raum, d. h. wählen wir als Punkte diejenigen im Inneren und auf der Oberfläche der Kugel, als Geraden und Ebenen die von der Oberfläche begrenzten Stücke derjenigen Geraden und Ebenen, die die Kugel durchsetzen (die berührenden Geraden und Ebenen müssen wir wegen des Axiomes I, 3 ausschließen), dann sind wieder alle acht Verknüpfungsaxiome erfüllt.

Diese Geometrie lehrt, daß der Unterschied zwischen Gerade und Strecke noch nicht festgelegt ist.

19. Die Axiome der Anordnung und die Wirklichkeit. Die Axiome der Anordnung bringen uns nun in der Angleichung des Axiomenraumes an den Raum der Wirklichkeit einen wesentlichen Schritt vorwärts. Wir erkennen:

1. Die Punkte und damit auch die anderen Raumelemente liegen ü b e r a l l   d i c h t, denn das Axiom II, 2 besagt, daß ich zwischen zwei Punkte immer noch einen dritten einschalten kann.

Hierzu ist jedoch eine Bemerkung zu machen. Durch eine geeignete Bildgeometrie der linearen Anordnungsaxiome kann man zeigen, daß man mit einer endlichen Anzahl von Punkten auskommen kann, wenn man den Zwischen-Begriff abweichend von der Vorstellung, die man damit üblicherweise verknüpft, definiert.

Wir wählen als Punkte die fünf Ecken A, B, C, D, E eines regelmäßigen Fünfecks, als Gerade den Umfang des Fünfecks. „Zwischen" zwei nebeneinanderliegenden Punkten, etwa A und B, liegt der dieser Strecke gegenüberliegende Punkt D, „zwischen" zwei nicht nebeneinanderliegenden Punkten, etwa A und C, liegt der Punkt B. Dann sind, wovon man sich leicht überzeugen kann, die drei Axiome II 1, 2 und 3 erfüllt.

2. Der Raum ist u n b e g r e n z t. Denn wenn ich in irgendeiner Richtung eine Gerade zöge und diese durch einen Punkt P begrenzt würde, so wäre der zweite Teil des Axioms II, 2 unerfüllt.

Ich habe ausdrücklich nicht gesagt, daß der Raum u n e n d - l i c h ist. Unbegrenzt bedeutet etwas wesentlich anderes: Nehmen wir wieder als Raum das Innere einer Kugel an, diesmal jedoch unter Ausschluß der Oberfläche. Dann bleibt das Axiom II, 2 auch im zweiten Teil erfüllt, denn wie nahe ich auch einen Punkt C an der Oberfläche annehme, es ist immer noch möglich, zwischen ihn und die Oberfläche einen weiteren Punkt einzuschalten.

Bekanntlich ist die Frage, ob der Raum der Wirklichkeit unendlich oder nur unbegrenzt ist, in der Astronomie umstritten.

Wieder wollen wir nun aber hervorheben, was noch nicht festgelegt ist. Wir wollen uns der Einfachheit halber auf die Ebene beschränken und in ihr ein rechtwinkliges Koordinatenkreuz annehmen. Dann mögen als Punkte im Sinne unserer Axiome alle diejenigen Punkte der Ebene angesehen werden, denen Koordinaten mit r a t i o n a l e n Werten zukommen. Dann sind unsere Axiome der ersten Gruppe, soweit sie sich auf die ebene Geometrie beziehen, und der zweiten Gruppe erfüllt. Zwei „rationale" Punkte bestimmen nämlich immer eine „rationale Gerade", d. h. eine Gerade mit rationalen Koeffizienten in der zugehörigen linearen Gleichung; und zwei „rationale Geraden" bestimmen durch Schnitte immer wieder rationale Punkte.

Man kann also z. B. nicht die von uns früher (Nr. 10) erwähnte erste Aufgabe von E u k l i d ausführen, denn wenn die Strecke AB rational ist, und etwa A Koordinatenanfangspunkt, AB Richtung der x-Achse, ist zwar die x-Koordinate, nicht aber die y-Koordinate des Schnittpunktes C der beiden Kreise rational, sondern hat den irrationalen Wert $\frac{1}{2} AB \cdot \sqrt{3}$; er existiert also in unserer Ebene der rationalen Punkte nicht.

20. Unterschied zwischen Axiomenraum und Sinnenraum. Hier muß nun aber auf einen entscheidenden Unterschied zwischen dem durch unsere Sinne gegebenen Erfahrungsraum und dem durch die Axiome gegebenen mathematischen Raum hingewiesen werden. Damit ein Punkt, eine Gerade, eine Ebene unseren Sinnen zugänglich wird, müssen sie räumlich ausgedehnt, also dreidimensional sein. Jeder Punkt, den ich mit Kreide auf die Tafel oder mit Bleistift auf das Blatt Papier zeichne, ist ein dreidimensionales Gebilde. Aber selbst wenn wir bei unseren Zeichnungen von der dritten Dimension absehen, bleibt näherungsweise der Punkt eine kreisförmige Fläche, die Gerade ein Streifen. Die angewandte Geometrie des Zeichners hat dieser Tatsache sehr wohl Rechnung zu tragen, und es gibt deshalb auch eine Theorie des praktischen Zeichnens. Übrigens ist nicht nur das Zeichnen an solcher Auffassung von Gerade und Punkt beteiligt, auch z. B. der Sportler gehört dahin. Beim Tennis ist die Strichbreite der Feldbegrenzungen an die 10 cm, und was unter diesen Umständen ein „aus" des Balles bedeutet, bedarf eigentlich genauer Festlegung.

Beachtenswert ist nun aber, daß in diesen Theorien einer empirischen Geometrie unsere idealisierte bereits vorausgesetzt wird. Stellen wir hier aber wenigstens fest, daß die Dreidimensionalität der Grundbegriffe durchaus mit unseren bisherigen Axiomen verträglich ist. Ich kann als Punkt einer Bildgeometrie eine Kugel mit dem Radius d um einen euklidischen Punkt, als Gerade dieser Bildgeometrie einen geraden Kreiszylinder mit dem Radius d um eine euklidische Gerade als Achse, schließlich als Ebene der Bildgeometrie eine ebene Platte der Dicke $2d$ mit einer euklidischen Ebene als Mitte ansehen und muß nur festsetzen, daß sich das „liegen auf" und „bestimmen", das „zwischen" in den Axiomen auf die „mathematische Seele" der Gebilde 1., 2. und 3. Stufe unserer Bildgeometrie, also den euklidischen Mittelpunkt, die euklidische Zylinderachse, die euklidische Mittelebene der Platte bezieht. Dann sind alle unsere Axiome nach wie vor erfüllt, und die Punkte, Geraden und Ebenen unserer neuen Geometrie sind mit einmal räumliche Gebilde geworden, deren Ausdehnung ich mit der Größe d in der Hand habe.

Aber die Schwierigkeit ist eine andere: Wenn ich im Raum der Wirklichkeit zwei notwendig dreidimensionale Punkte habe, dann ist es nicht immer möglich, zwischen diese beiden Punkte einen dritten Punkt einzuschalten. Wenn die Größe d gerade so groß gewählt wird, wie die durch die sinnlichen Beobachtungsmöglichkeiten gegebene Unterscheidbarkeitsschwelle zuläßt, und wenn die beiden Punkte den Abstand d haben, also gerade noch als verschieden wahrgenommen werden, dann kann ich eben keinen weiteren, von diesen beiden Punkten mit meinen Sinnen unterscheidbaren dritten Punkt mehr zwischenschalten. Die Frage wird grundsätzlich nicht geändert, wenn ich an die Stelle unmittelbarer Beobachtung mit meinen Sinnen die Beobachtung durch Apparate setze. Jene Unterscheidbarkeitsschwelle bleibt immer vorhanden, wenn sie auch in ihrer Größenordnung noch so sehr verändert wird. Hier klafft also ein Gegensatz zwischen dem mathematischen Raum mit seinen Punkten, Geraden und Ebenen und dem Raum der Wirklichkeit.

Wenn der Mathematiker und zumal der Mathematiklehrer in der Schule seine Geometrie an Zeichnungen anlehnt, ja wenn er sogar bestrebt ist, in Arithmetik und Analysis geometrische Veranschaulichungen, also wieder Zeichnungen, heranzuziehen, so sollte er sich dessen bewußt bleiben, daß er sich eines in mancher Hinsicht unzuverlässigen Ersatzmittels bedient. Darauf hat schon P l a t o hingewiesen [1]). Er sagt sehr deutlich, daß die Mathematiker „auch sinnlich Wahrnehmbares, Figuren, beiziehen, an denen sie ihre Beweisführungen geben, ohne daß ihr Denken jenen selbst gälte, vielmehr den Urformen, deren Abbilder die Figuren nur sind... Was sie darstellen und zeichnen, was Schatten werfen und im Wasser sich widerspiegeln kann, das verwenden sie auch ihrerseits als Bilder, während sie doch allein das zu schauen suchen, was kein Mensch auf anderem Wege zu schauen vermag als durch den Gedanken."

Vielleicht wird nun aber doch jemand z. B. auf die Physik hinweisen, die nicht nur in ihren theoretischen, sondern auch im experimentellen Bereich immer von Punkten, Geraden, Ebenen, allgemein von den „Gegenständen" der Geometrie, der Arithmetik und der Analysis Gebrauch macht. Aber darüber muß man sich klar sein, alle diese physikalischen Aussagen beziehen sich gar nicht auf die durch die Sinnesorgane oder die sie erweiternden Apparate wirklich gemessenen Dinge, die Messungen unterliegen ja alle der Schwellentatsache, sondern auf eine idealisierte Welt,

---

[1]) P l a t o : Staat. Übersetzung K. Preisendanz, Jena 1925, Diederichs.

P l a n c k [1]) nennt die Gesamtheit dieser Aussagen das „physikalische Weltbild".

21. Die Anschauung. Hier ist auch der Ort, auf gewisse Irrtümer einzugehen, denen man ausgesetzt ist, wenn man sich in der Geometrie auf die Anschauung verläßt. Wir haben schon früher einmal gesehen, daß bloße Anschauung uns im Stich lassen kann, daß sie durch das Experiment ergänzt werden muß, damals, als wir vom M ö b i u s schen Band sprachen. Gewiß ist die Anschauung manchmal sehr fein ausgebildet, ich erinnere etwa an Fälle, bei denen es sich um Symmetrie handelt. Die Gleichheit der

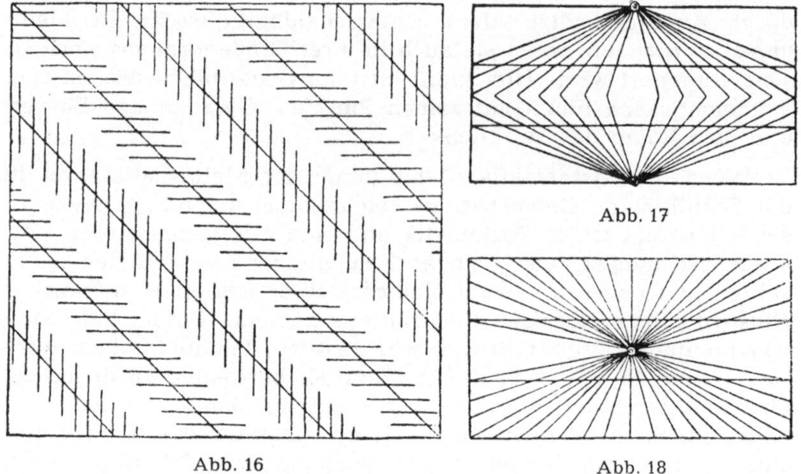

Abb. 16   Abb. 17   Abb. 18

Schenkel in einem gleichschenkligen Dreieck kann man sehr genau beurteilen, zumal wenn man die Basis horizontal, genauer parallel zur Verbindungsstrecke der beiden Augen legt. Abweichungen von der Kreisgestalt, auch solche geringfügiger Art, fallen sofort ins Auge [2]). Unstetige Änderungen in der Krümmung, wie sie bei Korbbögenkonstruktionen (darunter versteht man den Ersatz einer Kurve, etwa einer Ellipse, durch aneinandergesetzte Bögen von Kreisen mit verschiedenem Radius) auftreten, erkennt man bei näherem Zusehen — und doch handelt es sich hier um eine Beurteilung des zweiten Differentialquotienten.

---

[1]) Der Physiker M a x P l a n c k (1858—1947) lehrte an der Universität Berlin.
[2]) Allerdings ist z. B. schon die Abweichung der elliptischen Bahn der Erde um die Sonne von einer Kreisbahn so gering, daß sie in einer zeichnerischen Wiedergabe nur ganz geschulten Augen offenbar wird.

Aber es gibt auch klassische Beispiele für die Unsicherheit der Anschauung. Wenn ein gerader Kreiskegel schräg geschnitten wird, dann erhält man eine Ellipse oder eine Hyperbel. Rein anschaulich — und übrigens auch in naiver Überlegung — zu begreifen, daß man eine Ellipse und nicht eine Eilinie erhält, daß die beiden Hyperbeläste, auch wenn der Schnitt nicht parallel zur Achse liegt, kongruent sind, fällt ganz sicher recht schwer. Man befindet sich da in guter Gesellschaft: D ü r e r spricht, obwohl er von dem Durchschnitt aus Grundriß und Aufriß die wahre Größe konstruiert, von einer Eilinie, und noch ein Jahrhundert später möchte der Mathematiker S c h w e n t e r [1]) an einer Stelle, wo er sich mit diesen Konstruktionen von D ü r e r beschäftigt, die Entscheidung, ob es nun eine Eilinie oder eine Ellipse ist, den „Gelehrten" anheimgeben.

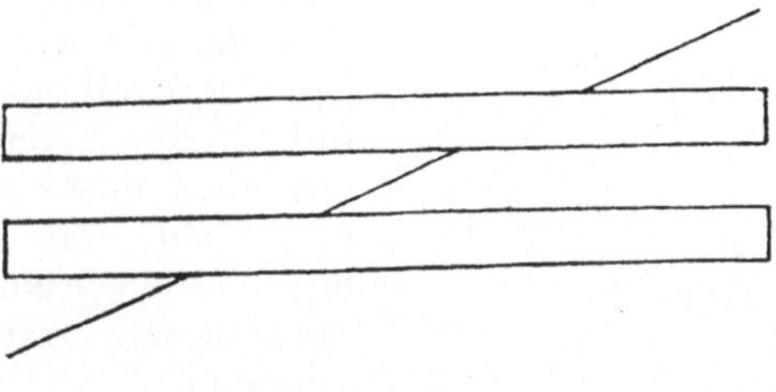

Abb. 19

Von den systematischen Anschauungsfehlern nennen wir zunächst die große Gruppe der bald mehr psychologisch, bald mehr physiologisch bedingten geometrisch optischen Täuschungen. Parallelen erscheinen im Z ö l l n e r schen Muster (Abb. 16) oder in der H e r i n g schen Strahlungsfigur (Abb. 17 und 18) als nichtparallel, grobe Täuschungen in der Größenschätzung, in der Richtungsschätzung usf. treten auf (vgl. die P o g g e n d o r f sche Abb. 19), an der Tagesordnung sind solche Irrtümer, wenn es sich um perspektive Darstellungen räumlicher Gebilde handelt [2]).

22. Trugschlüsse. Wir hatten als Forderung für den Aufbau der Geometrie aufgestellt, daß man auf den gegebenen Axiomen rein logisch unter Ausschluß der Anschauung weiterbaut. Im Schulunterricht und auch in den üblichen Darstellungen der

---

[1]) D a n i e l S c h w e n t e r (1585—1638) vertrat an der Universität Altdorf in Bayern die Mathematik und das Fach der orientalischen Sprachen.

[2]) Auf eine Reihe geometrisch-optischer Täuschungen wird z. B. in W. L i e t z - m a n n und V. T r i e r : Wo steckt der Fehler? 4. Aufl. (Mathematisch-physikalische Bibliothek Bd. 52), Leipzig 1937, B. G. Teubner, hingewiesen.

5*

Geometrie werden nun durchaus nicht alle logischen Schlüsse
Schritt für Schritt durchgegangen. Vieles wird der unmittelbaren
Anschauung entnommen. Es wird schwerlich jemand einfallen, zu
beweisen, daß die Schnittpunkte der drei Winkelhalbierenden
eines Dreiecks in dessen Inneren liegen; nur daß es ein einziger
Schnittpunkt ist und nicht drei, das wird man für eines Beweises
bedürftig halten.

Wir wollen an der Untersuchung zweier bekannter Beispiele
zeigen, daß die Unterlassung der Erörterung von Lagebeziehungen,
mit anderen Worten die Ausschaltung logischer Folgerungen aus den Zwischenaxiomen, zu Trugschlüssen führen kann. Man kann hier nicht eigentlich von Anschauungsfehlern sprechen. Im Gegenteil, gerade ein sehr gut in der geometrischen Anschauung geschulter Kopf wird gar nicht erst auf den Trug hereinfallen. Nur mangelhaft ausgebildete Anschauung wird versagen.

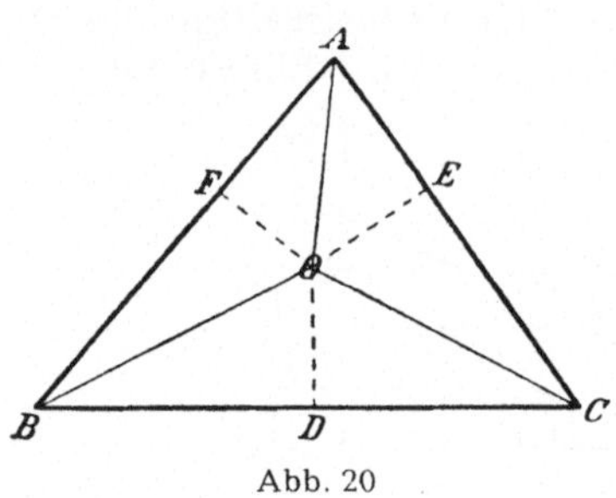

Abb. 20

Wir wollen beweisen, daß das Dreieck ABC (Abb. 20) auf jeden
Fall gleichschenklig ist. Die Winkelhalbierende von A aus und die
Mittelsenkrechte auf BC schneiden sich in O. Dann haben wir
von O aus außer der Senkrechten OD noch die Senkrechten OF
auf AB und OE auf AC. Man zeigt dann auf Grund der
Kongruenzsätze nacheinander die Kongruenz der Dreiecke ODB
und ODC, AOE und AOF. Daraus gewinnt man einmal die
Möglichkeit, nun auch die Kongruenz der Dreiecke BOF und
COE zu beweisen, aus der $BF = CE$ folgt, andererseits ergibt
sich $AF = AE$. Addition dieser beiden Gleichungen liefert das
gewünschte Ergebnis $AB = AC$.

In diesem „Beweis" hat man als durch unmittelbare Anschauung einleuchtend angenommen, daß der Schnittpunkt O von
Winkelhalbierender und Mittelsenkrechte innerhalb des Dreiecks
liegt. Das ist aber falsch. Die Winkelhalbierende teilt nach einem
Satze der Ähnlichkeitslehre die Gegenseite im Verhältnis der an-
liegenden Seiten. Ist also etwa AB die größere der beiden Seiten
AB und AC, dann liegt der Schnitt der Winkelhalbierenden
mit BC zwischen D und C, und der Winkel, den sie mit BC bildet,
ist gegen C hin spitz. Also ist ein Schnittpunkt von Mittelsenk-
rechter und Winkelhalbierender im Innern des Dreiecks ausge-

schlossen. Eine gleiche Überlegung führt zum Ziel, wenn $A\,C$ die größere Seite ist.

Nun pflegt man etwa an Hand einer Abbildung wie 21 zu zeigen, daß auch dann, wenn O außerhalb des Dreiecks liegt, die gleichen Dreieckskongruenzen gelten, also der Beweis erhalten bleibt, nur daß an die Stelle der Addition von $A\,F$ und $B\,F$ bzw. $A\,E$ und $C\,E$ unter Umständen Subtraktionen treten.

Wir werden zunächst die Lage des Punktes O genau bestimmen. Wird um das Dreieck der Umkreis gezeichnet, so muß die Mittelsenkrechte auf $B\,C$ den unter $B\,C$ gelegenen Bogen halbieren. Der

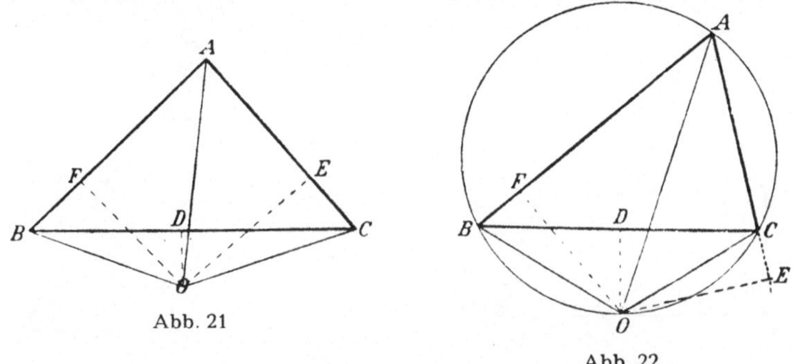

Abb. 21

Abb. 22

Schnittpunkt von Kreis und Mittelsenkrechte auf der dem Dreieck abgewandten Seite sei O'. Da nun Bogen $B\,O'$ und $C\,O'$ gleich sind, sind auch die zugehörigen Peripheriewinkel $B\,A\,O'$ und $C\,A\,O'$ gleich. $A\,O'$ ist also Winkelhalbierende und unser früherer Punkt O ist mit O' identisch (Abb. 22).

Da das Viereck $A\,B\,O\,C$ jetzt als Sehnenviereck erkannt ist, weiß ich, daß für den Fall, daß bei B ein spitzer Winkel $A\,B\,O$ liegt, bei C ein stumpfer Winkel $A\,C\,O$ liegt und umgekehrt. Fällt also der Fußpunkt der Senkrechten $O\,F$ von O auf $A\,B$ in das Innere der Strecke $A\,B$, dann fällt der Fußpunkt der Senkrechten $O\,E$ von O auf $A\,C$ auf das Äußere der Strecke oder umgekehrt.

So bleiben zwar unsere beiden Gleichungen $A\,F\,=\,A\,E$ und $B\,F\,=\,C\,E$ erhalten, aber wenn man auf der einen Seite addieren muß, um $A\,B$ zu erhalten, muß man auf der anderen Seite subtrahieren, um $A\,C$ zu erhalten, oder umgekehrt.

Das Beispiel zeigt, wie die Anordnung der Punkte auf einer Strecke, insbesondere also, ob ein Punkt zwischen zwei anderen liegt oder nicht, von Wichtigkeit für die Beweisführung ist. Und

doch hat erst P a s c h diese Axiome ausdrücklich formuliert; bei
E u k l i d z. B. findet sich keines von ihnen ausgesprochen.

Vielleicht ist noch eine andere Bemerkung im Anschluß an
die Aufdeckung des Trugschlusses am Platze. Die Herleitung des
Trugschlusses beruhte lediglich auf der Anwendung von Kon-
gruenzsätzen. Als wir aber der Sache auf den Grund gingen,
zogen wir auch weitere Sätze heran, über Peripheriewinkel im
Kreise, über das Sehnenviereck, ja einen Satz über die Winkelhalbierende aus der Ähnlichkeitslehre.

Rein empirisch hätten wir uns einfacher helfen können. Wir
hätten als „Beweisfigur" ein Dreieck wählen müssen, das nicht wie

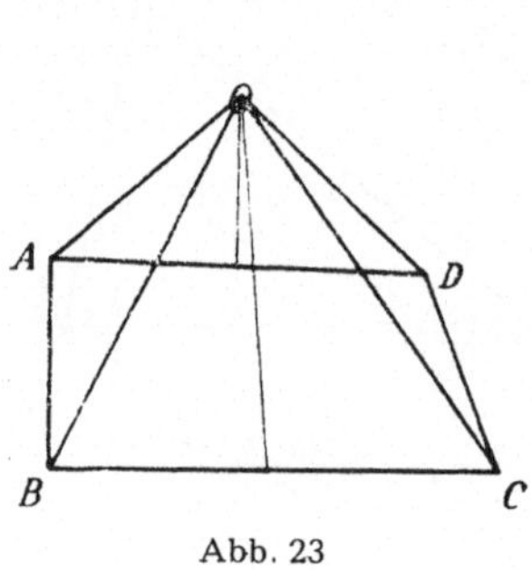

Abb. 23

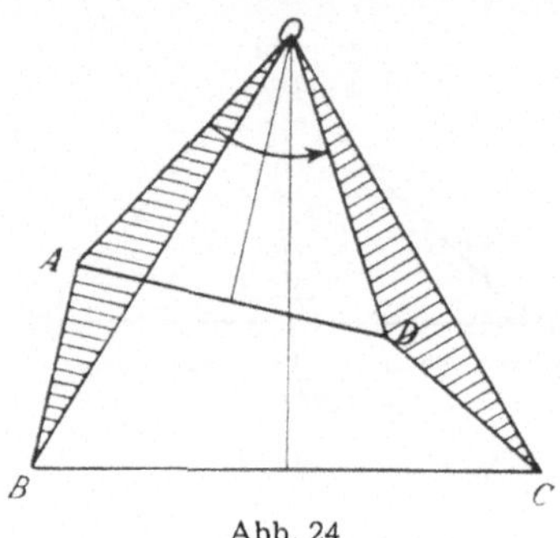

Abb. 24

das unsere angenähert gleichschenklig ist, sondern im Gegenteil
an Länge sehr ungleiche Seiten AB und AC besessen hätte.
Dann wäre uns das Falsche an der Figur, zumal wenn wir Mittelsenkrechte und Winkelhalbierende mit Zirkel und Lineal konstruiert hätten, sofort aufgefallen; wir wären gar nicht darauf
verfallen, falsche Figuren wie 20 und 21 zu zeichnen.

Unsere Überlegungen seien noch an einem zweiten Beispiel
ähnlicher Art durchgeführt. $ABCD$ ist ein Viereck mit folgenden
Eigenschaften: $AB = CD$, $\sphericalangle DAB = 1\,R$, $\sphericalangle CDA > 1\,R$. O ist
der Schnitt der Mittelsenkrechten von AD mit derjenigen
von BC. Dann stimmen in Abb. 23 $\triangle ABO$ und $\triangle DCO$ überein
in $AB = CD$, $AO = DO$, $BO = CO$. Die Dreiecke sind also
kongruent, folglich ist

(1) $\sphericalangle OAB = \sphericalangle ODC.$

Die Subtraktion der gleichgroßen Winkel OAD und ODA
von (1) liefert danach

$$\sphericalangle DAB = \sphericalangle ADC.$$

Das widerspricht aber unserer Annahme, daß der eine Winkel
ein rechter, der andere stumpf ist. Die richtige Abb. 24 zeigt,

woran der Trugschluß liegt. OA geht in die Lage OD durch Drehung um einen Winkel φ um O über. Dabei geht das mit OA verbundene $\triangle\,OAB$ in die Lage ODC über. Beide Dreiecke sind also kongruent. Also ist wieder $\sphericalangle\,OAB = \sphericalangle\,ODC$. Während aber die Subtraktion von $\sphericalangle\,OAD$ von $\sphericalangle\,OAB$ den Winkel DAB liefert, ist das Entsprechende auf der anderen Seite nicht der Fall. Wir stoßen hier nicht auf den an die Abb. 23 anknüpfenden Widerspruch.

Auch hier führt ein als Beweisfigur gewähltes Viereck $ABCD$, in dem der Winkel CDA wesentlich von einem rechten verschieden ist, in dem die beiden Mittelsenkrechten wirklich konstruiert werden, rasch zur Erkenntnis des Fehlers.

Es ist also in unseren beiden Beispielen so: Nicht die Anschauung ist es, die versagt, sondern wir haben unsere Anschauung an eine falsche Figur angeknüpft. Aber weiter: Wir verwarfen im zweiten Fall die an Abb. 23 anknüpfende Überlegung, weil sie auf einen Widerspruch führt. Wir setzen also die Widerspruchsfreiheit der Geometrie, zumindest was die bei unserer Beweisführung benutzten Sätze anlangt, voraus.

23. Der Begriff der Kongruenz. Wenn man bei E u k l i d den Beweis des ersten Kongruenzsatzes nachschlägt, so findet man eine derjenigen in unseren Schulbüchern ganz ähnliche Entwicklung: Es wird das eine Dreieck auf das andere gelegt und nun die Kongruenz nachgewiesen. Es ist das erste und in dem Aufbau der Planimetrie einzige Mal[1]), daß bei E u k l i d die Bewegung herangezogen wird. Die Art der Bewegung wird nicht näher beschrieben; es interessiert z. B. E u k l i d nicht, ob er die Deckung beider Dreiecke durch eine reine Verschiebung und eine nachfolgende Drehung erreichen kann oder daß er sogar immer mit einer einzigen Drehung (im Grenzfall einer Verschiebung) auskommen kann. Wesentlich ist allerdings für ihn, daß es sich um eine s t a r r e Bewegung handelt. Was ist das, eine starre Bewegung? Sie spielt in der Physik der festen Körper eine große Rolle. Will man die starre Bewegung definieren, sich also nicht mit Umschreibungen wie etwa „Bewegung ohne Formänderung" od. dgl. begnügen, so kommt man unweigerlich auf den Begriff der Kongruenz zurück. Starr ist eine Bewegung dann, wenn irgend drei willkürlich gewählte Punkte des Körpers vor der Bewegung und nach der Bewegung kongruente Dreiecke bilden.

---

[1]) Später, in der Stereometrie, benutzt E u k l i d bei der Definition von Umdrehungskörpern wie Kegel und Kugel auch Drehungen

So liegt also eigentlich ein Zirkelschluß vor, wenn man die Kongruenz mit Hilfe der starren Bewegung definiert, weil man zur Definition der starren Bewegung wieder die Kongruenz braucht. Wie man aus diesem Dilemma heraus könnte, wird später berührt werden (Nr. 25).

So wird also zunächst nichts anderes übrigbleiben, als bei der axiomatischen Einführung der Kongruenz auf die starre Bewegung zu verzichten.

E u k l i d bringt, wie wir gesehen haben, eine Reihe von Axiomen über den Begriff „gleich". Was in ihnen steht, werden wir in den Axiomen der Kongruenz in irgendeiner Form zum Ausdruck bringen, wobei natürlich auf die Forderung der Unabhängigkeit zu achten ist.

Vorweg wollen wir noch eine Bemerkung über die Beziehung der axiomatischen Geometrie zum Raum der Wirklichkeit unseren früheren Überlegungen anschließen. Wir sahen da, daß der „Zwischen"-Begriff nicht sein vollständiges Äquivalent in der Welt der Sinneserfahrungen findet. Gleiches gilt vom Begriff der Kongruenz. Sind zwei Strecken a und b im Bereiche unserer sinnlichen Beobachtung gleich groß, d. h. bleibt ihr Unterschied unterhalb der Unterscheidungsschwelle d (er sei etwa $^3/_4\,d$), und sind auch die Strecken a und c in gleichem Sinne gleich groß, bleibt also auch ihr Unterschied unterhalb d (er sei etwa wieder $^3/_4\,d$), dann ist es doch möglich, daß der Unterschied zwischen b und c die Unterscheidungsschwelle d überschreitet (er kann $^3/_2\,d$ sein), daß sie also auch unserer sinnlichen Beobachtung als ungleich erscheinen. Der Satz, sind zwei Strecken einer dritten kongruent, so sind sie untereinander kongruent, gilt also im Bereich der sinnlichen Erfahrung nicht.

24. Die Gruppe der Kongruenzaxiome. Ich will nun die von H i l b e r t in seiner dritten Gruppe zusammengestellten fünf Kongruenzaxiome anführen; drei handeln von der Streckenkongruenz, eines von der Winkelkongruenz, eines von der Dreieckskongruenz.

III, 1. Wenn A und B zwei Punkte auf einer Geraden a und ferner A' ein Punkt auf derselben oder einer anderen Geraden a' ist, so kann man auf einer gegebenen Seite der Geraden a' von A' stets einen Punkt B' finden, so daß die Strecke $A\,B$ der Strecke $A'\,B'$ kongruent ist.

Daß es n u r e i n e n Punkt B' gibt, daß dessen Bestimmung also eindeutig ist, kann man b e w e i s e n.

Jede Strecke ist sich selbst kongruent.

Es ist nicht „selbstverständlich", daß für eine Strecke AB stets $AB = BA$ gilt. Gegenbeispiel sei (nach M. D e h n) die „Bauern-länge" einer auf der Karte durch ihre Endpunkte gegebenen Strecke im Gelände. Sie werde gemessen durch die Zeit, die ein Fuß-gänger braucht, sie zurückzulegen. Diese Zeit ist aber, wenn es von A nach B bergauf geht, eine andere als die, wenn es berg-ab von B nach A geht.

Natürlich gilt das Axiom $AB = BA$ auch dann nicht, wenn man als Strecken in einer Bildgeometrie Vektoren, also gerich-tete Strecken benutzt.

III, 2. Wenn eine Strecke AB sowohl der Strecke $A'B'$ als auch der Strecke $A''B''$ kongruent ist, so ist auch $A'B'$ der Strecke $A''B''$ kongruent.

III, 3. Es seien AB und BC zwei Strecken ohne gemeinsame Punkte auf einer Geraden a und ferner $A'B'$ und $B'C'$ zwei Strecken auf derselben oder einer anderen Geraden a' eben-falls ohne gemeinsame Punkte; wenn dann AB kongruent $A'B'$ und BC kongruent $B'C'$ ist, so ist auch stets AC kongruent $A'C'$.

Wir erklären, um das nächste Axiom auszusprechen, den Begriff W i n k e l — er wird also nicht als Grundbegriff ange-sprochen. Es seien in einer Ebene α zwei verschiedenen Geraden angehörende, von einem Punkt O ausgehende Halbstrahlen in α h und k, gegeben. Diese Figur nennen wir einen Winkel und be-zeichnen ihn mit (h, k) oder (k, h). Hier wird also der gestreckte, der überstumpfe, der gerichtete Winkel ausgeschlossen — diese Begriffserweiterungen später vorzunehmen, bleibt natürlich unbe-nommen. Jetzt läßt sich leicht Inneres und Äußeres eines Winkels unterscheiden.

III, 4. Es sei ein Winkel (h, k) in einer Ebene α und eine Gerade a' in einer Ebene α' gegeben und eine bestimmte Seite von a' und α'. Es bedeute h' einen Halbstrahl der Geraden a', der vom Punkte O' ausgeht: Dann gibt es in der Ebene α' einen und nur einen Halbstrahl k', so daß der Winkel (h, k) kon-gruent dem Winkel (h', k') ist und zugleich alle inneren Punkte des Winkels (h', k') auf der gegebenen Seite von a' liegen.

Jeder Winkel ist sich selbst kongruent.

Für Kongruenz führen wir das Zeichen $\cong$ ein.

III, 5. Wenn für zwei Dreiecke ABC und $A'B'C'$ die Kongruenzen $AB \cong A'B'$, $AC \cong A'C'$, $\sphericalangle BAC \cong \sphericalangle B'A'C'$ gelten, so sind auch die Kongruenzen $\sphericalangle ABC \cong \sphericalangle A'B'C'$ und $\sphericalangle ACB \cong \sphericalangle A'C'B'$ erfüllt.

Bemerkenswert an diesen Kongruenzaxiomen ist zunächst, daß man in der ersten Gruppe mit verhältnismäßig wenig Axiomen auskommen kann. Außer dem Existenzaxiom haben wir nur drei, 1. daß, in der alten euklidischen Fassung, „jede Größe sich selbst gleich ist" (das Gesetz der I d e n t i t ä t), womit auch die Kongruenz von $A\,B$ und $B\,A$ gemeint ist, sodann 2. das Äquivalent der alten Regel: „Sind zwei Größen einer dritten gleich, so sind sie untereinander gleich" (das Gesetz der T r a n s i t i v i t ä t), und dann allein das Additionsgesetz. Das entsprechende Subtraktionsgesetz braucht man also nicht als Axiom zu formulieren, wie es bei E u k l i d geschieht, noch weniger etwa Multiplikationsgesetze.

Bei dem Begriff der Winkelkongruenz braucht man weder Transitivität noch Additionsgesetz als Axiom auszusprechen.

Um die ganze Bedeutung der Kongruenzaxiome zu erkennen, wollen wir uns einmal die Frage vorlegen, ob im (ebenen) Bereich der rationalen Punkte, in dem die Axiomengruppen I und II ja erfüllt sind, Axiom III, 1 zutrifft. Der Punkt $(1,1)$ hat vom Nullpunkt den Abstand $\sqrt{2}$. Diese Strecke kann ich nach III, 1 vom Nullpunkt aus auf der x-Achse abtragen. Im rationalen Punktbereich ist das, da $\sqrt{2}$ nicht rational ist (wie hier als bewiesen vorausgesetzt ist, siehe Kapitel III, Abschnitt 8), nicht möglich. Wir können also III, 1, das sich hiernach nebenbei als von I und II unabhängig erweist, nicht mehr im rationalen Punktbereich verwirklichen.

Ganz besonders lehrreich ist nun aber das letzte Kongruenzaxiom. Bis auf eine Kleinigkeit, daß nämlich auch $B\,C \cong B'\,C'$ ist, wird hier der erste Kongruenzsatz als Axiom ausgesprochen. Er ist also, da ja das H i l b e r t sche System in seinen Einzelaxiomen unabhängig ist, logisch unabhängig von den anderen Axiomen. Mit anderen Worten: Der erste Kongruenzsatz läßt sich gar nicht beweisen! Wir sehen, es hatte schon seine Berechtigung, als E u k l i d ein seinen sonstigen Beweismitteln ganz fremdes Element, eben die starre Bewegung, als deus ex machina heranholte, um damit doch noch scheinbar einen Beweis zu erzwingen.

25. Freiheit in der Wahl der Grundbegriffe. Diese Tatsache legt uns die Frage nahe: Ist die Wahl der Grundbegriffe willkürlich? Kann man andere Grundbegriffe wählen, als sie uns eben entgegengetreten sind, oder nicht? Kann man insbesondere mit einer geringeren Anzahl auskommen?

H i l b e r t hat außer Punkt, Gerade und Ebene noch die folgenden Relationsbegriffe: „bestimmen" bzw. „liegen auf", „zwischen", „Streckenkongruenz" und „Winkelkongruenz". Das sind sieben. Wenn man will, kann man auch noch „auf einer

Geraden liegen" und „in einer Ebene liegen" als verschiedene Grundbegriffe unterscheiden; dann wären es acht. — Weitere Grundbegriffe kommen — auch später — nicht vor.

Man kann nun sehr wohl auch den Begriff der starren Bewegung als Grundbegriff einführen. Dann wird der Begriff der Kongruenz als Grundbegriff überflüssig. Man kann auch einen Sonderfall der Bewegung als Grundbegriff einführen, etwa die Verschiebung (Translation) oder die Drehung (Rotation) oder, was wegen des Aufbaues der Schulmathematik sehr lehrreich ist, die Symmetrie. Natürlich wird dann der Zusammenbau der Grundbegriffe wesentlich geändert, erst recht das System der Axiome. Selbst die gegenständlichen Grundbegriffe können davon in Mitleidenschaft gezogen werden: Man kann unter Umständen Punkt oder Gerade oder Ebene zu abgeleiteten Begriffen machen.

Es kommt dem H i l b e r t schen System nicht so sehr darauf an, mit einem Minimum von Begriffen auszukommen, sondern darauf, den Aufbau so durchsichtig wie möglich zu machen. Der Amerikaner V e b l e n z. B. hat ein System von nur zwei Grundbegriffen („Punkt" und „zwischen"), der Italiener P i e r i von zwei Grundbegriffen („Punkt" und „starre Bewegung") aufgestellt.

26. Parallelenaxiom und nichteuklidische Geometrie [1]**.** Mit der vierten, nur aus einem einzigen Axiom bestehenden Gruppe erreichen wir das berühmteste unter ihnen, das P a r a l l e l e n - a x i o m. Versuche, dieses Axiom, das wir in der Fassung von E u k l i d in Nr. 8 kennengelernt haben, und das bei H i l b e r t die Form

IV, 1. Es sei a eine beliebige Gerade und A ein Punkt außerhalb a; dann gibt es in der durch a und A bestimmten Ebene höchstens eine Gerade, die durch A läuft und a nicht schneidet,

besitzt, zu beweisen, sind der Ausgangspunkt zur ganzen axiomatischen Forschung gewesen. Wir wollen zunächst das Parallelenaxiom in der üblichen Form aussprechen und die beiden anderen Möglichkeiten formulieren, die an die Stelle des Parallelenaxioms treten können.

A. Es sei a eine beliebige Gerade und A ein Punkt außerhalb a, dann gibt es in der durch a und A bestimmten Ebene

   (I) eine und nur eine Gerade — diese Fassung des Axioms IV, 1 stammt von P t o l e m ä u s [2] —,

---

[1] Vgl. hierzu M. Z a c h a r i a s : Das Parallelenproblem und seine Lösung (Mathematisch-physikalische Bibliothek Bd. 92), Leipzig 1937, B. G. Teubner.

[2] C l a u d i u s P t o l e m ä u s (100—178), der Verfasser des Almagest, lehrte als Astronom in Alexandria.

(II) keine Gerade,

(III) mindestens zwei Geraden,

die durch A gehen und a nicht schneiden.

Durch (I) wird die euklidische, auch parabolische Geometrie, durch (II) die R i e m a n n sche, auch elliptische Geometrie, durch (III) die L o b a t s c h e f s k i j sche, auch hyperbolische Geometrie, gekennzeichnet.

Man kann den Unterschied zwischen den drei Geometrien statt mit den Parallelenaxiomen auch mit einigen anderen ihnen äquivalenten Sätzen erfassen. Ich nenne zwei:

B. Die Summe der Innenwinkel im Dreieck ist

  (I) gleich zwei rechten,

  (II) größer als zwei rechte,

(III) kleiner als zwei rechte.

C. Ein Viereck mit zwei rechten Winkeln bei A und B und zwei gleichen Seiten $A D = B C$ habe in C und D gleiche Winkel, dann sind diese

  (I) auch rechte,

  (II) stumpf,

(III) spitz.

Die Formulierung C stammt von dem Italiener S a c c h e r i[1]), der auch bereits die Gleichwertigkeit dieser Formulierung nicht nur mit der üblichen Fassung des Parallelenaxioms A, sondern auch mit der Dreiecksbeziehung B gekannt hat.

Die drei Möglichkeiten I, II, III sind voneinander grundsätzlich verschieden in folgendem Sinne: Wenn e i n e als Axiom festgesetzt wird, dann sind die beiden anderen ausgeschlossen. Mit anderen Worten: Wenn in e i n e m e i n z i g e n Falle die Annahme (I) — sei es nun in der Parallelen-, Dreiecks- oder Vierecksfassung — zutrifft, so trifft sie in a l l e n Fällen zu.

Man wird fragen: Wie kommt es, daß in der H i l b e r t schen Fassung des Axioms nur die L o b a t s c h e f s k i j sche Geometrie III negiert wird, nicht auch, wie man es doch erwarten sollte, die R i e m a n n sche (II). Der Grund ist der: Die dem Parallelenaxiom vorangegangenen Axiome verbürgen — nicht mit den Zwischenaxiomen, wohl aber mit den Kongruenzaxiomen — die Unendlichkeit der Geraden, also mehr als die Unbegrenztheit der Geraden. Damit wird aber die R i e m a n n sche Geometrie ausgeschlossen, in der die Geraden zwar unbegrenzt, nicht aber

---

[1]) Der Jesuit G i r o l a m o S a c c h e r i (1667—1733, Turin, Pavia, Mailand) war Theologe, Philosoph und Mathematiker.

unendlich sind. Aus dieser Tatsache, die ich hier ohne Beweis anführe, erklärt sich auch, daß z. B. S a c c h e r i , eigentlich aber auch schon E u k l i d (mit der Feststellung, daß die Summe zweier Winkel im Dreieck stets kleiner als zwei rechte ist) die R i e - m a n n sche Geometrie von ihrem Axiomensystem aus abgelehnt, d. h. als unmöglich bewiesen haben.

Noch eine vierte Äquivalenz sei erwähnt, weil sie zunächst überrascht: Dem euklidischen Axiom (I) entspricht die Möglichkeit, zu jeder Figur eine ä h n l i c h e von willkürlicher Größe zu fordern, bei (II) und (III) ist das nicht der Fall.

27. Die nichteuklidischen Geometrien. Wir können auf den Ausbau der beiden nichteuklidischen Geometrien nicht eingehen. Wesentlich dafür ist, ob man das später noch anzuführende sogenannte archimedische Axiom (Nr. 28) mit verwendet oder nicht. Wir wollen aber einen Augenblick bei der Veranschaulichung der Geometrien verweilen. Man pflegt eine ebene R i e m a n n sche nichteuklidische Geometrie auf der Kugeloberfläche zu veranschaulichen. In der Tat treffen ja, wenn ich als Geraden die größten Kugelkreise deute, die Möglichkeiten (II) zu. Habe ich auf der Kugel einen größten Kugelkreis und einen Punkt außerhalb von ihm, so wird jeder Großkreis durch diesen Punkt den ersten Großkreis sogar in zwei Punkten schneiden. Daß die Summe der Innenwinkel im Dreieck größer als zwei rechte ist (B II), wird in der sphärischen Trigonometrie bewiesen. Und auch die Vierecksfassung können wir sofort bestätigen, indem wir etwa ein Viereck nehmen, das von zwei Punkten A und B des Äquators und zwei Punkten C und D gebildet wird, die so auf dem gleichen Breitenkreis liegen, daß A und D und ebenso B und C auf den gleichen Meridian fallen. Dann habe ich nur noch an die Stelle des Breitenkreises den durch C und D gehenden, nach oben gewölbten Großkreis zu legen, um zu sehen, daß für das Viereck die Annahme C II zutrifft.

Aber diese Geometrie in der Kugelebene [1]) ist doch keineswegs mit der R i e m a n n schen identisch. Gleich das erste Axiom I, 1 ist ja nicht erfüllt. Denn wenn zwei Punkte auf der Kugel so gewählt werden, daß ihre Verbindungsstrecke Durchmesser wird, dann wird durch diese zwei Punkte nicht nur e i n e Gerade bestimmt, sondern eine unendliche Anzahl. Man kann nachweisen, daß sich im euklidischen Raum überhaupt keine Fläche findet, die

---

1) Vgl. W. D i e c k : Nichteuklidische Geometrie in der Kugelebene (Mathematisch-physikalische Bibliothek Bd. 31), Leipzig 1918, B. G. Teubner.

in voller Ausdehnung die nichteuklidischen Ebenen verwirklicht [1]). Die Kugelebene ist, das ist der Hauptunterschied, zweiseitig, die Ebene der Riemannschen Geometrie ist einseitig wie das Möbiussche Band, das wir in Nr. 3 kennenlernten. Eine Veranschaulichung wäre etwa in folgender Weise möglich: Man beschränkt sich auf eine Halbkugel. Jeder Punkt des Grenzkreises soll als identisch gelten mit dem ihm diametral gegenüberliegenden Punkt. Wenn also eine Gerade an den Grenzkreis herankommt, geht sie als Antipode dazu weiter. Mit dieser Festsetzung ist die Schwierigkeit, die im Axiom I, 1 liegt, überwunden. Aber es bleiben noch genug andere Schwierigkeiten bestehen, auf die wir hier nicht weiter eingehen.

Wie die Riemannsche Geometrie auf der Kugel, so kann man die Lobatschefskijsche auf einer sattelförmig gekrümmten Fläche in gewissem Umfange veranschaulichen. Auch darauf können wir hier nicht weiter eingehen.

Immer schon seit dem Beginn der Entwicklung der nichteuklidischen Geometrien, ganz besonders nachdrücklich aber seit dem Aufstellen der Relativitätstheorien in der Physik, ist die Frage aufgeworfen worden, ob unser Raum, das will besagen der Raum unserer Sinne oder auch der Raum der physikalischen Apparate, jener Verfeinerungen unserer Sinne, euklidisch oder nicht euklidisch ist.

Wir müssen zunächst von unserem Standpunkte aus sagen: Im Raume der Wirklichkeit werden schon die Zwischenaxiome und die Kongruenzaxiome nicht exakt erfüllt; im Sinnenraum und ebenso im physikalischen Raum trifft also weder die euklidische noch eine der nichteuklidischen Geometrien genau zu. In der Tat, noch so feine Instrumente könnten nicht entscheiden, ob in einem genügend großen Dreieck die Winkelsumme zwei rechte oder größer oder kleiner als zwei rechte ist, wenn nur die Abweichung von zwei rechten geringer als die durch die Instrumente und die Beobachter gegebene Unterscheidungsschwelle ist.

So ist nun aber die Frage nicht gemeint. Bei den Kongruenzaxiomen liegt die Idealisierung der Verhältnisse der Wirklichkeit, die wir vornehmen, außerordentlich nahe. Wenn wir irgendwo Abweichungen vom Gesetz „aus $a = b$ und $a = c$ folgt $b = c$" beobachten, hat überall da, wo wir noch nicht an die Grenzen unserer Apparateleistungsfähigkeit herangekommen waren, spätere feinere Beobachtungen ergeben, daß die vorausge-

---

[1]) Vgl. R. Bonola und H. Liebmann: Die nichteuklidische Geometrie, historisch-kritische Darstellung ihrer Entwicklung, 2. Aufl. (Wissenschaft und Hypothese Bd. IV), Leipzig 1919, B. G. Teubner.

setzten Gleichheiten im Bereiche dessen, was verbesserte Apparate hergaben, zu Recht bestanden. Wir haben also die berechtigte Vermutung — es ist jedenfalls die einfachste Annahme —, daß es auch in Zukunft so weiter gehen wird.

In gleicher Weise besagt die Frage nach der Gültigkeit der euklidischen oder nichteuklidischen Geometrie, welche von ihnen sich am einfachsten den Befunden unserer Sinnenwelt anpaßt. Da ist zunächst zu sagen, daß die euklidische Annahme (I) für die uns im täglichen Leben, auf der Erde, ja im Bereiche unseres Sonnensystems zugänglichen Dimensionen unter Voraussetzung der gegenwärtigen Feinheit der Apparate vollkommen ausreicht. Anders, wenn man sich auf die Gesamtwelt bezieht. Man kann da in der Tat die Frage stellen, ob die R i e m a n n sche Geometrie zweckmäßiger ist.

Vielleicht bedarf es doch noch eines Wortes, wie sich die Ablehnung der nichteuklidischen Geometrie durch viele Menschen erklärt, genährt noch dadurch, daß manche den Darstellungen dieses Zweiges der Mathematik beigegebenen Figuren „augenscheinlich" falsch sind, weil z. B. Geraden gekrümmt gezeichnet werden. Der Nachweis, daß mit der Widerspruchsfreiheit der euklidischen Geometrie auch diejenige der beiden nichteuklidischen gegeben ist, beseitigt ihre Ablehnung nicht.

Der Grund ist letzten Endes der, daß in dem von ihnen instinktiv zugrunde gelegten Begriff der Geraden die vom euklidischen Axiom erhobene Forderung bereits eingewurzelt ist. Würde man für den Geradenbegriff in der nichteuklidischen Geometrie andere Namen wählen oder auch nur jeweils R i e m a n n sche Gerade, L o b a t s c h e f s k i j sche Gerade sagen, dann wären sie wohl zufriedengestellt.

28. Zerlegungsgleichheit und archimedisches Axiom. In der Flächenlehre pflegt man die Flächengleichheit eines Rechtecks und eines Parallelogramms von gleicher Grundlinie und Höhe in der Weise nachzuweisen, daß man durch eine Höhe von dem einen Endpunkt des Parallelogramms aus auf der einen Seite ein rechtwinkliges Dreieck abschneidet und es an der anderen Seite ansetzt. Rechteck und Parallelogramm sind zerlegungsgleich, d. h. ich kann das Rechteck so in eine Anzahl (nämlich zwei) Flächenstücke zerschneiden (Abb. 25), daß die gleichen Stücke in anderer Anordnung (Abb. 26) das Parallelogramm bilden.

Leider ist nun aber diese einfache Schlußfolge nicht immer zulässig. Wenn nämlich, wie in Abb. 27, die von der einen Parallelogrammecke auf die Gegenseite gefällte Senkrechte ihren

Fußpunkt nicht auf der Parallelogrammgegenseite, sondern auf
ihrer Verlängerung hat, dann versagt diese einfache Zerlegung in
zwei Stücke. Die Abb. 28 lehrt, wie man hier zum Ziele kommt.
Man geht zunächst bis zu dem Schnitt der Senkrechten mit einer
Parallelogrammseite und zieht durch ihn die Parallele zur Deck-
seite. Dann sieht man die Gleichheit des aus 1 und 2 zusammen-
gesetzten Parallelogramms und des aus den gleichen Dreiecken zu-
sammengesetzten Rechtecks ein. Das wiederholt sich nun nach

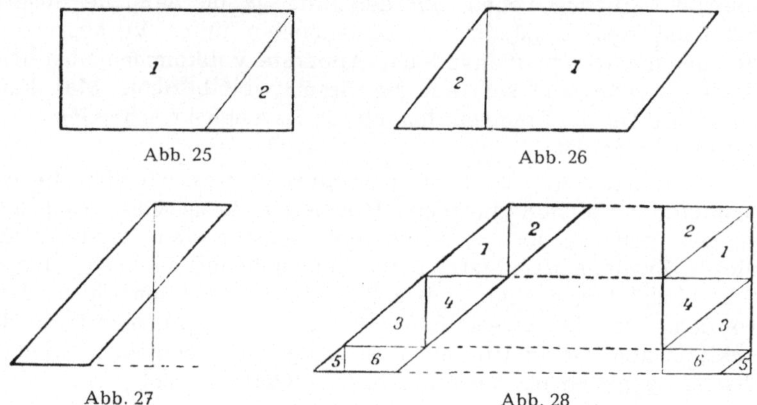

Abb. 25   Abb. 26

Abb. 27   Abb. 28

Bedarf einige Male; schließlich bleibt ein Parallelogramm über,
das so schmal ist, daß wir die alte Methode anwenden können.

Hier wird nun ein Axiom als selbstverständlich der Anschauung entnommen, das einer besonderen Formulierung im
Rahmen eines rein logischen Aufbaues der Geometrie bedarf. Wer
sagt uns denn, daß wir nach einer endlichen Anzahl von Schritten
auf jenes schmale Parallelogramm kommen?

Wir benutzen hier das sogenannte archimedische Axiom;
es wurde von Archimedes formuliert, steht aber vollständig
schon in Euklids Elementen, wenn auch nicht in Gesellschaft
der anderen am Anfang des ersten Buches; wahrscheinlich war es
bereits vor Euklid dem Mathematiker Eudoxos[1]) bekannt.
Wir sprechen es in der Fassung von Hilbert aus:

V, 1. Es sei A_1 ein beliebiger Punkt auf einer Geraden zwischen
den beliebig gegebenen Punkten A und B; man konstruiere
dann die Punkte A_2, A_3, A_4, ... so, daß A_1 zwischen A und
A_2, ferner A_2 zwischen A_1 und A_3, ferner A_3 zwischen A_2

---

[1]) Eudoxos von Knidos (408?—355? v. Chr.) lehrte in Athen.

und A_4 liegt usf. und überdies die Strecken AA_1, A_1A_2, A_2A_3, A_3A_4, ... einander kongruent sind: dann gibt es in der Reihe der Punkte A_2, A_3, A_4, ... stets einen solchen Punkt A_n, daß B zwischen A und A_n liegt.

Man sieht, es ist gerade die vorhin benutzte Tatsache, die durch dieses Axiom gefordert wird.

Um die Unabhängigkeit dieses Axioms von den übrigen nachzuweisen, muß man eine entsprechende Ausfallsgeometrie konstruieren, eine sogenannte nichtarchimedische Geometrie. Wir wollen in dieser Hinsicht nur einen für die Stellung dieses archimedischen Axioms bedeutsamen Punkt berühren. Mit diesem Axiom werden unendlich kleine Strecken abgelehnt, denn es ist ja gerade die Eigentümlichkeit der Begriffsbildung unendlich kleiner Strecken, daß eine endliche Anzahl von ihnen noch kleiner bleibt als eine vorgegebene andere endliche Strecke. Wer also in der Analysis oder in der Physik mit unendlich kleinen Strecken operiert, der bewegt sich nicht in der euklidischen, sondern in einer nichtarchimedischen Geometrie. Er hat uns erst den Beweis zu erbringen, ob die von ihm in der Regel unbesehen angewandten Sätze aus der euklidischen Geometrie auch in seiner nichtarchimedischen gelten.

29. Zerlegungsgleichheit, Ergänzungsgleichheit, Flächengleichheit. Die Rolle, die das archimedische Axiom in der Flächenlehre spielt, mag noch einmal ausführlicher gekennzeichnet werden.

Zwei Vielecke F_1 und F_2 heißen z e r l e g u n g s g l e i c h, wenn, wie wir eben schon hörten, F_1 so in Teilvielecke zerlegt werden kann, daß ich aus diesen Teilvielecken F_2 herstellen kann. Anders ausgedrückt: Ich kann F_1 in eine endliche Anzahl Vielecke $F_{1,1}$, $F_{1,2}$, ... $F_{1,n}$ und ebenso F_2 in die gleiche Anzahl $F_{2,1}$, $F_{2,2}$, ... $F_{2,n}$ zerlegen, wobei jeweils

$$F_{1,1} = F_{2,1}, \quad F_{1,2} = F_{2,2}, \quad \ldots, \quad F_{1,n} = F_{2,n}$$

ist. In Abb. 26 haben wir rechts und links zwei zerlegungsgleiche Vielecke.

Zwei Vielecke F_1 und F_2 heißen e r g ä n z u n g s g l e i c h, wenn ich zu beiden ein Vieleck F_3 so hinzufügen kann, daß die Vielecke $F_1 + F_3$ und $F_2 + F_3$ zerlegungsgleich sind.

Nun läßt sich nachweisen, daß ergänzungsgleiche Vielecke auch zerlegungsgleich sind. Dazu braucht man notwendig das archimedische Axiom. In einer nichtarchimedischen Geometrie ist also der Nachweis nicht möglich [1]). Man kann deshalb auch

---

[1]) Nachweis etwa bei G. H e s s e n b e r g : Grundlagen der Geometrie, S. 51 ff., Leipzig 1930, de Gruyter.

sagen: Die Gleichheit von Zerlegungsgleichheit und Ergänzungsgleichheit in der Flächenlehre ist dem archimedischen Axiom äquivalent.

Daß diese Äquivalenz keineswegs „selbstverständlich" ist, belegt die Tatsache, daß die analoge Behauptung im Raum, etwa schon die Zerlegungsgleichheit inhaltsgleicher Pyramiden, im einfachsten Fall von Pyramiden mit gleicher Grundfläche und Höhe, nicht zutrifft.

Man kann also den Begriff Flächengleichheit von Vielecken sowohl mit Zerlegungsgleichheit wie mit Ergänzungsgleichheit identifizieren. So führen z. B. beim pythagoreischen Lehrsatz sowohl Additions- wie Subtraktionsbeweise zum Ziel [1]).

Im Anschluß hieran sei noch eine andere Frage berührt. Wie steht es mit unserem Axiomensystem, wenn man die (uneigentlichen) unendlich fernen Elemente, in der Ebene den unendlich fernen Punkt einer jeden Geraden und die unendlich ferne Gerade, hinzunimmt (vgl. Nr. 8 vom 1. Kap.)? Dann gilt schon die Gruppe der Kongruenzaxiome nicht, da ja z. B. die Streckenabtragung vom unendlich fernen Punkt aus auf der Geraden und erst recht auf der unendlich fernen Geraden entfällt. Aber auch das archimedische Axiom wird hinfällig, immer dann nämlich, wenn ein unendlich ferner Punkt hineinspielt.

30. Das Vollständigkeitsaxiom. H i l b e r t beschließt sein Axiomensystem mit einem „Axiom der Vollständigkeit", das er an den Schluß seiner fünften, „Axiome der Stetigkeit" überschriebenen Gruppe setzt. Es lautet:

V, 2. Die Elemente (Punkte, Geraden, Ebenen) der Geometrie bilden ein System von Dingen, welches bei Aufrechterhaltung sämtlicher genannter Axiome keiner Erweiterung mehr fähig ist; d. h. es ist nicht möglich, zu dem System der Punkte, Geraden und Ebenen ein anderes System von Dingen hinzuzufügen, so daß in dem durch Zusammensetzung des alten und neuen entstandenen System sämtliche aufgeführten Axiome erfüllt sind.

Das Axiom fällt aus dem Rahmen der übrigen heraus — beachtenswert ist schon, daß H i l b e r t zwei Formulierungen nebeneinandersetzt —, es hat etwas Geheimnisvolles, Verschleiertes. Es setzt autoritativ dem weiteren Ausbau des geometrischen Systems ein Veto entgegen. Es ist scheinbar ganz negativ.

---

[1]) Vgl. etwa W. L i e t z m a n n : Der pythagoreische Lehrsatz, 5. Aufl. (Mathematisch-physikalische Bibliothek Bd. 3), Leipzig 1937, B. G. Teubner.

Man wird zuerst glauben, daß hier der Ausbau der dreidimensionalen zu einer Geometrie von höherer Dimensionszahl verboten wird. Das trifft nicht zu; dieses Verbot ist, unbeachtet, bereits in der ersten Axiomengruppe ausgesprochen worden (Nr. 11), wie wir noch sehen werden. Das, worum es sich in dem Axiom handelt, ist etwas durchaus Positives. Der Bereich der Punkte, Geraden und Ebenen, auf den sich die bisher entwickelte Geometrie bezieht, ist durch die Axiome noch nicht näher abgegrenzt. Wenn wir uns etwa — wir wollen im Augenblick nur die Ebene berücksichtigen — auf die aus der Einheit durch Konstruktionen mit Zirkel und Lineal in der üblichen euklidischen Beschränkung erreichbaren Punkte und Geraden beschränken, so gelten in dieser Geometrie alle unsere Axiome. Man geht aber in der Geometrie darüber hinaus. Die kontinuierliche Gerade umfaßt nicht nur die durch Zirkel und Lineal in üblicher Weise erreichbaren Punkte, sondern auch andere. Die Strecke von der Länge π hätte in dieser so beschränkten Geometrie keine Bedeutung. Das Vollständigkeitsaxiom fordert nun eben das, was in der Arithmetik der D e d e k i n d sche Schnitt tut (vgl. Nr. 9 im nächsten Abschnitt), das Kontinuum.

Man kann den Inhalt des Axioms V, 2 noch reduzieren auf

V, 2′. Die Punkte einer Geraden bilden ein System, welches bei Aufrechterhaltung der linearen Anordnung des ersten Kongruenzaxioms und des archimedischen Axioms (also I, 1, 2; II; III, 1; V, 1) keiner Erweiterung mehr fähig ist.

B a l d u s [1]) ersetzt V, 2 durch das C a n t o r sche Axiom

V, 2″. Es gibt eine Gerade a von folgender Eigenschaft: Auf a gibt es eine unendliche Folge von Strecken $A_1 B_1$, $A_2 B_2$, ... derart, daß A_2 zwischen A_1 und B_1 liegt, A_3 zwischen A_2 und B_1, A_4 zwischen A_3 und B_1 usf., ferner B_2 zwischen B_1 und A_1, B_3 zwischen B_2 und A_1, B_4 zwischen B_3 und A_1 usf., und es läßt sich weiter keine Strecke angeben so, daß sie innerhalb einer der Strecken $A_p B_p$ und aller folgenden A_{p+1}, B_{p+1}, A_{p+2}, B_{p+2} ... liegt. Dann gibt es mindestens einen Punkt X, der innerhalb aller Strecken $A_1 B_1$, $A_2 B_2$, $A_3 B_3$, ... liegt.

Es handelt sich also bei dem Vollständigkeitsaxiom

1. um ein l i n e a r e s Axiom, das

2. nur für e i n e Gerade zu gelten braucht — man kann dann beweisen, daß es für j e d e Gerade gilt — und

---

[1]) R. B a l d u s : Nichteuklidische Geometrie (Sammlung Göschen 970), Berlin 1927, de Gruyter.

3. handelt es sich also um nichts anderes als um die D e d e - k i n d sche Einführung der Irrationalzahl in der Formulierung der Intervallschachtelung (vgl. Nr. 9 des 3. Kapitels).

31. Der vierdimensionale Raum. Wir berührten eben eine Tatsache der sinnlichen Raumerfahrung, die von entscheidender Bedeutung ist, die Dreidimensionalität. Der Mathematiker sieht sich nicht an diese Schranke gebunden, er entwickelt auch mehrdimensionale Geometrien. Um wenigstens einen Begriff von einer vierdimensionalen Geometrie zu geben, wollen wir ein einzelnes Problem herausgreifen. Wir wollen uns fragen: Welche Gebilde entsprechen im vierdimensionalen Raum den regelmäßigen Vielecken der Ebene, den regelmäßigen Körpern im Raum? Wir wollen die Gebilde regelmäßige P o l y t o p e nennen. Wie das regelmäßige Vieleck von gleichen Strecken, der regelmäßige Körper von gleichen Flächen, so wird ein regelmäßiges Polytop von regelmäßigen Körpern begrenzt; dazu kommen dann noch Forderungen über die Gleichheit von Winkeln, Ecken usf. Man kann nun aber offenbar nicht lediglich aus der Analogie heraus die regelmäßigen Polytope aufbauen, das ist ein allzu zweifelhafter Boden.

Wie also wird man überhaupt eine vierdimensionale Geometrie entwickeln? Da bietet sich zunächst einmal als sicheres Verfahren das analytische an. Hier regiert die Rechnung, und ein Zweifel ist nicht möglich. Wie ich in der Ebene einen Punkt als Zahlenpaar, im Raum als Zahlentripel, so werde ich ihn im vierdimensionalen Raum als Zahlenvierling definieren. Dann kann ich eine regelrechte analytische Geometrie des vierdimensionalen Raumes aufbauen. So wird z. B. ein der (zweidimensionalen) Ebene im dreidimensionalen Raum entsprechendes dreidimensionales Gebilde im vierdimensionalen Raum durch eine lineare Form

$$a x + b y + c z + d u + e = 0$$

gegeben sein. Wie in der Ebene eine Kreislinie durch die Gleichung

$$(1) \qquad x^2 + y^2 = r^2,$$

in dem Raum eine Kugelfläche durch die Gleichung

$$(2) \qquad x^2 + y^2 + z^2 = r^2$$

bestimmt ist, so im vierdimensionalen Gebiet ein entsprechendes dreidimensionales Raumgebilde mit der Gleichung

$$(3) \qquad x^2 + y^2 + z^2 + u^2 = r^2.$$

Irgendwelche geometrischen Operationen mit den durch solche Gleichungen definierten Gebilden verwandeln sich in Rechnungen.

So erhält man z. B. den Schnitt des Gebildes (3) mit dem x, y, z-Raum, indem man $u = 0$ setzt; man erhält als Schnitt die Kugel

$$x^2 + y^2 + z^2 = r^2.$$

Ebenso liefern die Schnitte mit den andern Räumen, etwa dem x, y, u-Raum, Kugeln.

Wir wollen gleich noch den Beweis einer Behauptung aus dem vorangehenden Abschnitt auf analytischem Wege nachholen. Wir sagten, daß die vierdimensionale Geometrie bereits in der ersten Axiomengruppe abgelehnt wird. Das geschieht nämlich durch das Axiom I, 7, wonach zwei Ebenen, die irgendeinen Punkt gemein haben, mindestens noch einen zweiten Punkt gemein haben. Die x, y-Ebene und die z, u-Ebene im vierdimensionalen Raum haben nun zwar den Nullpunkt gemein, aber keinen anderen Punkt. Die Punkte der x, y-Ebene sind nämlich dadurch ausgezeichnet, daß die z- und u-Koordinaten Null sind. Wenn es sich also um einen Punkt handelt, der in dieser Ebene liegt, so hat der zugehörige Zahlenvierling die Gestalt a, b, 0, 0, wobei a und b gleichzeitig Null werden nur dann, wenn es sich ausgerechnet um den Nullpunkt handelt. Ebenso hat ein Punkt der z, u-Ebene einen Zahlenvierling der Form 0, 0, c, d, wo nur dann c und d gleichzeitig Null werden, wenn es sich um den Koordinatenanfangspunkt handelt. Ein Zahlenvierling, der außer diesem Punkt 0, 0, 0, 0 noch b e i d e Bedingungen erfüllt, existiert nicht. So ist also durch unser Axiom I, 7 der vierdimensionalen Geometrie bereits der Weg versperrt. Will man das Axiom I, 7 auch in einer vierdimensionalen Geometrie beibehalten, dann muß man hinzufügen, „zwei Ebenen des g l e i c h e n d r e i d i m e n s i o n a l e n R a u m e s".

Ein anderer Weg zur Einführung der vierdimensionalen Geometrie ist der synthetische. Man stellt genau wie für die dreidimensionale Geometrie Axiome auf. Wir werden da etwa außer dem oben schon berichtigten Axiom I, 7 und dem Axiom I, 8 die Forderung stellen, daß es wenigstens fünf Punkte gibt, die nicht in einem dreidimensionalen Raum liegen. Um die fünfdimensionale Geometrie auszuschließen, wird dann etwa ein weiteres Axiom besagen: Wenn zwei dreidimensionale Räume einen Punkt A gemein haben, dann haben sie noch mindestens zwei andere, mit A nicht in einer Geraden gelegenen Punkte B und C gemein.

Auf der Grundlage dieses Axiomensystems entwickelt man nun rein logisch Satz für Satz. Man wird also z. B. Polytope aufbauen können, indem man von einem Tetraeder ausgeht, einen fünften Punkt nimmt, der nicht in dem durch dieses Tetraeder gegebenen dreidimensionalen Raum gelegen ist, und diesen nun mit den vier anderen Punkten verbinden. Dieses Polytop hat dann also fünf Ecken. Der neue Punkt bildet mit je dreien der früheren Punkte ein das Polytop begrenzendes Tetraeder. Da ich auf vier verschiedene Weisen drei Punkte aus vieren auswählen kann, erhalte ich, das ursprüngliche Tetraeder eingerechnet, als Begrenzung des Polytops insgesamt fünf Tetraeder. Auch die Anzahl der Kanten und Flächen läßt sich nun berechnen.

32. Die regelmäßigen Polytope im vierdimensionalen Raum.

Wieviel regelmäßige Polytope gibt es im vierdimensionalen Raum? Ich will sie einfach aufzählen:

1. Ein von   5 Tetraedern   begrenztes Polytop mit   5 Ecken.
2. „   „   8 Würfeln   „   „   „   16   „
3. „   „   16 Tetraedern   „   „   „   8   „
4. „   „   24 Oktaedern   „   „   „   24   „
5. „   „   120 Dodekaedern   „   „   „ 600   „
6. „   „   600 Tetraedern   „   „   „ 120   „

Ich will hier nicht die analog den Überlegungen im dreidimensionalen Raume anzustellenden Untersuchungen vornehmen; es ist wohl grundsätzlich einzusehen, daß sich die Liste streng herleiten läßt, wenngleich sehr viel schwieriger als im dreidimensionalen Raum.

Wir wollen uns nun aber die weitere Frage vorlegen: Wie ist es möglich, sich von den Polytopen eine Anschauung zu verschaffen?

Es gibt eine sehr drollige Erzählung eines Bewohners von „Flatland", jenes Landes also, in dem es nur zweidimensionale Lebewesen gibt; das Werk ist englisch geschrieben, es gibt eine holländische und eine gekürzte deutsche Übersetzung des amüsanten Buches [1]. Dieser zweidimensionale Mensch nun will seinen Genossen die Existenz dreidimensionaler Gebilde nachweisen. In ähnlicher Lage sind wir dreidimensionalen Lebewesen mit der vierdimensionalen Geometrie. Wir sind ja aber von alters her gewöhnt, von räumlichen Gebilden ebene Bilder ins Heft oder an die Tafel zu zeichnen (freilich sehen wir uns dann diese Bilder von einem Punkte außerhalb ihrer Ebene an). Versuchen wir also, dreidimensionale Bilder von den vierdimensionalen Polytopen in unserem Raum zu entwerfen! Das kann auf verschiedene Weise geschehen.

Man kann die Zusammenhangsverhältnisse eines Würfels und manches andere recht gut an seinem zweidimensionalen Netz

---

[1] Flächenland. Eine Geschichte von den Dimensionen. Erzählt von einem Quadrat (E. A. A b b o t), deutsch von W. B i e c k (Mathematisch-physikalische Bibliothek Bd. 83). Leipzig 1929, B. G. Teubner.

studieren. Man erhält es, indem man alle Begrenzungsflächen in die Ebene abwickelt; dabei müssen natürlich einige trennende Schnitte längs der Kanten gemacht werden. Ich kann aber z. B. durch gleiche Farbe die Zusammengehörigkeit getrennter Kanten im Netz andeuten. Genau so kann ich mit den Polytopen im dreidimensionalen Raum verfahren. So sieht z. B. das Netz des ersten unserer regelmäßigen Polytope, das, wie wir sahen, aus fünf Tetraedern besteht, etwa so aus, daß auf den vier Flächen eines Tetraeders je ein Tetraeder sitzt. Das Netz des zweiten regelmäßigen Polytops sieht so aus, daß auf den sechs Flächen eines Würfels je ein weiterer Würfel sitzt, auf einem dieser Würfel sitzt dann noch ein zweiter Würfel. Es kommt also eine Art räumliches Kreuz heraus.

Zeichnerisch behandelt man die dreidimensionalen Gebilde in einer Zeichenebene nach den Methoden der darstellenden Geometrie oder aber auch in Eintafeldarstellung unter Angabe der zugehörigen Koten. Etwas Derartiges könnte man nun auch mit den vierdimensionalen Gebilden machen. In besonderen Fällen gibt diese senkrechte Parallelprojektion sehr einfache Bilder, so wird z. B. unser zweiter Körper, wenn man ihn in der Richtung einer Kante auf den Raum der drei übrigen, mit ihm zusammenstoßenden projiziert, ein gewöhnlicher Würfel, da ja diese vierte Kante auf dem Raum der drei übrigen senkrecht steht.

„Anschaulicher" aber ist, genau so wie im Falle von Ebene und Raum, eine zentralperspektive Darstellung. Wenn wir uns einen Würfel zentralperspektiv darstellen, so kann das etwa in der Weise geschehen, daß man das Auge, das Zentrum der Perspektive, ganz dicht an eine der begrenzenden Flächen, etwa senkrecht über deren Mitte, heranbringt. Dann sieht das Bild des Würfels so aus, wie es Abb. 29 darstellt. In dem umgrenzenden Quadrat, dem Bilde der zugewandten Fläche, liegt ein kleines Quadrat, das Bild der abgewandten Fläche, und beide sind nun durch vier, im Bild trapezförmig erscheinende Flächen miteinander verbunden. Abb. 30 stellt in ganz entsprechender Weise ein perspektives Bild des zweiten unserer regelmäßigen Körper dar, nur besteht hier obendrein noch die Schwierigkeit, daß ich jetzt für dieses Buch von dem Raumgebilde noch ein ebenes Bild entwerfen mußte. Man sieht in einem umgrenzenden Würfel, der die dem Beschauer zugekehrte Körperbegrenzung des Polytops abbildet, einen kleinen Würfel; er stellt das Bild des begrenzenden Körpers auf der abgewandten Seite dar. Von dem einen zum anderen Würfel führen nun in Gestalt von vierseitigen Pyramidenstümpfen insgesamt sechs Körper, die Bilder der sechs anderen Begrenzungskörper.

Einfacher sieht das so entworfene Bild des ersten regelmäßigen Polytops unserer Reihe aus (Abb. 31); es ist ein Tetraeder, in das, mit den Grundflächen auf die Seitenflächen aufsetzend, mit ihren Spitzen sich in der Mitte des Tetraeders vereinigend, insgesamt vier weitere Tetraeder eingebaut sind. Man erzeugt das Bild am einfachsten, indem man

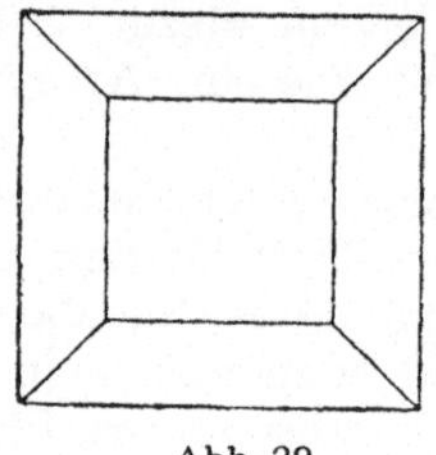

Abb. 29

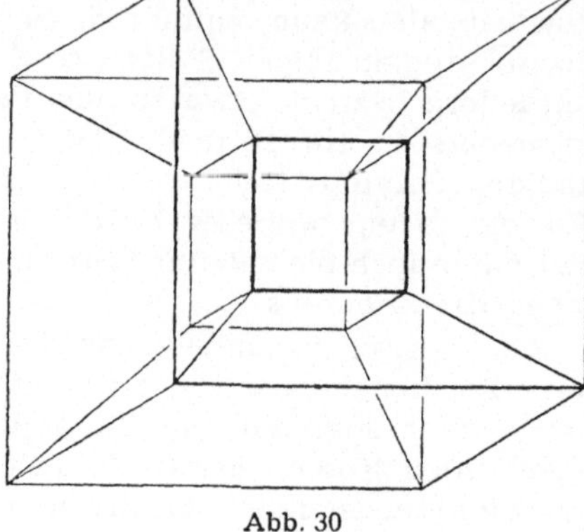

Abb. 30

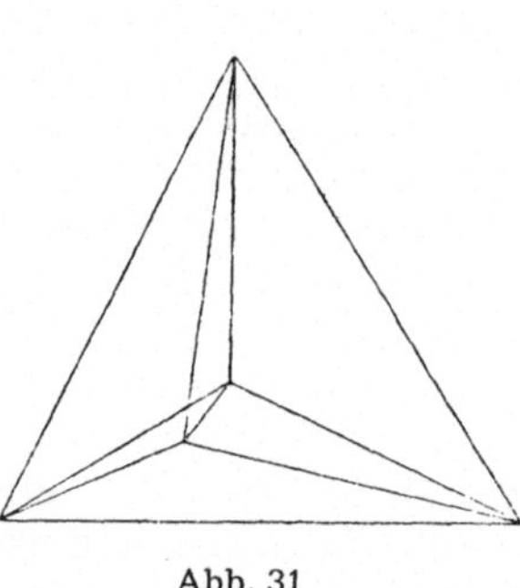

Abb. 31

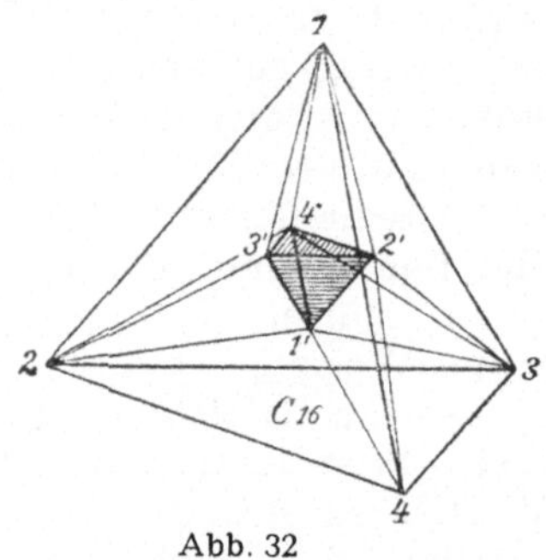

Abb. 32

den Mittelpunkt eines Tetraeders mit den vier Ecken verbindet. — Ich füge ohne nähere Erläuterungen noch das Bild des aus 16 Tetraedern gebildeten Polytops, des dritten in unserer Reihe bei (Abb. 32)[1]).

---

[1]) Die Figur ist entnommen H. d e V r i e s : Die vierte Dimension, deutsch von R. Struik, Leipzig 1926, B. G. Teubner. Zur mehrdimensionalen Geometrie vgl. auch die populären Schriften R. W e i t z e n b ö c k : Der vierdimensionale Raum (Die Wissenschaft Bd. 80). Braunschweig 1929, Vieweg. M. M a e t e r - l i n c k : Die vierte Dimension, Berlin 1929, Deutsche Verlagsanstalt; ferner über eine weitere Darstellungsmethode vierdimensionaler Polytope L. E c k h a r t : Der vierdimensionale Raum (Mathematisch-physikalische Bibliothek Bd. 84), Leipzig 1929, B. G. Teubner. — Das Hauptwerk ist P. H. S c h o u t e : Mehrdimensionale Geometrie (Sammlung Schubert XXXV und XXXVI), Leipzig 1902 und 1905, Göschen.

Eine weitere Methode der Veranschaulichung ist die Schnittmethode. Wenn sich der Botaniker mit Hilfe ebener mikroskopischer Schnitte etwa von dem Verlauf eines Gefäßbündels in einer Pflanze eine räumliche Vorstellung machen will, so stellt er eben eine ganze Serie solcher Schnitte her und schließt aus der Veränderung der ebenen Gestalten auf die räumlichen Gebilde. Ja, er könnte sogar die Schnittfolge in einem Kino zeitlich nacheinander vorführen lassen, um so ein recht anschauliches Bild von der räumlichen Anordnung zu erhalten. Genau das Entsprechende ließe sich nun auch mit unseren vierdimensionalen Gebilden machen, indem wir uns eine Folge dreidimensionaler Schnitte herstellen. Wenn wir z. B. wieder den zweiten Körper unserer Folge nehmen und etwa in dem Raum dreier Kanten räumliche Schnitte herstellen derart, daß wir das Polytop längs der vierten, mit jenen drei zusammenstoßenden Kanten durch diesen Raum hindurchführen, dann erhielten wir eine räumliche Schnittserie, die alle gleich große Würfel darstellen. Legen wir durch das Analogon zur Kugel im vierdimensionalen Raum, das die Gleichung

$$x^2 + y^2 + z^2 + u^2 = r^2$$

hat, eine räumliche, im x, y, z-Raum gelegene Schnittreihe, indem wir das Gebilde längs der u-Achse durch diesen Raum hindurchbewegen, also der Größe u der Reihe nach Werte von $+ r$ bis $- r$ geben, dann erhalten wir eine Serie von lauter Kugeln, von einem Punkte beginnend ($u = r$), dann als Kugel sich aufblähend bis zur Größe mit dem Radius r ($u = 0$), dann wieder zusammenschrumpfend bis zum Punkte ($u = - r$).

Man hat einmal die geistreiche Meinung geäußert, ob nicht das Leben, so wie es sich vor unseren Augen als eine Folge dreidimensionaler Bilder abspielt, überhaupt nur eine Serie dreidimensionaler Schnitte von in Wirklichkeit vierdimensionalen Gebilden ist. Bekanntlich gewinnt die (sogenannte kleine) Relativitätstheorie ein mathematisch sehr symmetrisch gebautes Ansehen, wenn man sie in einem vierdimensionalen Raum entwickelt, zu dem der Raum drei, die Zeit eine Koordinate beisteuert, ein Verfahren, das übrigens bereits E u l e r und andere empfohlen haben.

33. Polytope im mehrdimensionalen Raum. Im R_n, also im n-dimensionalen Raum, gibt es für $n > 4$, also vom R_5 an, jeweils nur d r e i Polytope, nämlich

1. das regelmäßige S i m p l e x, das im R_2 dem gleichseitigen Dreieck, im R_3 dem Tetraeder, im R_4 dem Polytop 1 von Nr. 32 entspricht (Abb. 31),

2. das P o l y t o p , das im R_2 dem Quadrat, im R_3 dem Würfel, im R_4 dem Polytop 2 von Nr. 32 (Abb. 30) entspricht, und
3. ein Polytop, das im R_3 dem Oktaeder, im R_4 dem Polytop 3 von Nr. 32 (Abb. 32), also dem 16-Zell, entspricht.

Von diesen regelmäßigen Polytopen wollen wir den Simplex etwas näher betrachten und werden dabei auf eine merkwürdige Verknüpfung mit den B i n o m i a l k o e f f i z i e n t e n stoßen.

Wir kommen zum
2-dimensionalen Simplex, indem wir zur Strecke einen Punkt außerhalb der Strecke hinzunehmen und gewinnen so das Dreieck (II),
3-dimensionalen Simplex, indem wir zum Dreieck einen Punkt außerhalb der Dreiecksebene hinzunehmen und gewinnen so den Vierflächner (III),
4-dimensionalen Simplex, indem wir zum Vierflächner einen Punkt außerhalb von dessen R_3 hinzunehmen und gewinnen so das Polytop IV des R_4,
5-dimensionalen Simplex, indem wir zum Polytop IV einen Punkt außerhalb seines R_4 hinzunehmen und gewinnen so das Polytop V des R_5,
n-dimensionalen Simplex, indem wir zum Polytop $[n-1]$ einen Punkt außerhalb seines R_{n-1} hinzunehmen, und gewinnen so das Polytop $[n]$ des R_n.

Nun gebe im folgenden die erste Zahl in der Klammer die Anzahl E der Ecken, die zweite die Anzahl K der Kanten, die dritte die Zahl F der Flächen (es sind immer Dreiecke), die vierte die Zahl K_3 der Körper (es sind immer Vierflächner), die fünfte die Zahl K_4 der vierdimensionalen Polytope (es handelt sich immer um Simplex IV), usf.

Dann haben wir
1. beim Dreieck die Folge (3, 3, 1),
2. beim Vierflächner die Folge (4, 6, 4, 1);
soviel ist ohne weiteres klar.

3. Beim Polytop IV erhalten wir (5, 10, 10, 5, 1), wie wir an Abb. 31 durch tatsächliches Abzählen herausfinden können. Wir wollen aber die Zahlen auch durch Überlegung finden derart, daß wir auch beim Polytop V und $[n]$ zum Ziel kommen. Zunächst ist die Zahl der E c k e n klar. Das Polytop V hat 6 Ecken, das Polytop $[n]$ hat $n+1$, denn mit dem Fortschreiten um eine Dimension kommt stets eine weitere Ecke hinzu. Es ist also $E = n + 1$.

An S t r e c k e n gehen von jeder der $n + 1$ Ecken zu den n übrigen Ecken insgesamt $n(n+1)$ Strecken. Da aber jede

Strecke dabei zweimal gerechnet wird, nämlich mit ihren beiden Endpunkten, so ist die Anzahl K der Strecken

$$K = \frac{n\,(n+1)}{2} = \binom{n+1}{2}.$$

Um die Anzahl der D r e i e c k e festzustellen, gehen wir davon aus, daß von jeder der $n+1$ Ecken n Strecken ausgehen. Jede der insgesamt $\dfrac{n\,(n+1)}{1\cdot 2}$ Strecken bestimmt mit jeder weiteren, also mit $n-1$, ein Dreieck. Also sind $\dfrac{n\,(n+1)\,(n-1)}{1\cdot 2}$ Dreiecke zu zählen. Dabei ist aber jedes Dreieck, da es drei Seiten hat, dreimal in Rechnung gestellt; also ist die Anzahl F der Dreiecke

$$F = \frac{(n+1)\cdot n\,(n-1)}{1\cdot 2\cdot 3} = \binom{n+1}{3}.$$

Überlegen wir noch, wieviel Vierflächner beim Polytop $[n]$ in Erscheinung treten. In jeder der $n+1$ Ecken bilden irgend 3 Strecken einen Vierflächner. Wir haben also die n Strecken zu je 3 zu kombinieren, das gibt

$$\binom{n}{3} = \frac{n\,(n-1)\,(n-2)}{1\cdot 2\cdot 3}.$$

Da $n+1$ Ecken vorhanden sind, erhalten wir scheinbar

$$\frac{(n+1)\,n\,(n-1)\,(n-2)}{1\cdot 2\cdot 3}$$

Vierflächner. Dabei ist aber jeder Vierflächner viermal in Rechnung gestellt, nämlich mit jeder seiner vier Ecken. Es ist also die Anzahl K_3 der Vierflächner

$$K_3 = \frac{(n+1)\,n\,(n-1)\,(n-2)}{1\cdot 2\cdot 3\cdot 4} = \binom{n+1}{4}.$$

Wir können also unsere Liste so fortsetzen:

4. Beim Polytop V erhalten wir

$$\left(6,\ \frac{6\cdot 5}{1\cdot 2} = 15,\ \frac{6\cdot 5\cdot 4}{1\cdot 2\cdot 3} = 20,\ \frac{6\cdot 5\cdot 4\cdot 3}{1\cdot 2\cdot 3\cdot 4} = 15,\ \ldots\right).$$

5. Beim Polytop $[n]$ erhalten wir

$$\left(n+1,\ \frac{(n+1)\,n}{1\cdot 2} = \binom{n+1}{2},\ \frac{(n+1)\cdot n\,(n-1)}{1\cdot 2\cdot 3} = \binom{n+1}{3},\right.$$
$$\left.\frac{(n+1)\,n\,(n-1)\,(n-2)}{1\cdot 2\cdot 3\cdot 4} = \binom{n+1}{4},\ \ldots\right).$$

Wir können es dem Leser überlassen, die Überlegungen vollständig durchzuführen und dort, wo die Punkte stehen, die weiteren Binomialkoeffizienten hinzuschreiben.

34. Der Weg vom Sinnenraum zur abstrakten Geometrie. In Nr. 18 bis 21 ist einiges über die Beziehung zwischen dem Raum der „Wirklichkeit" und dem durch eine axiomatisch begründete Geometrie festgelegten Raum ausgeführt. Es geht daraus zumindest hervor, daß beide nicht identisch sind, auch wenn man dabei nur die dreidimensionale euklidische Geometrie im Auge hat. Bemerkenswert ist aber, daß auch auf Erfahrung, also letzten Endes auf Sinnesempfindungen fußende Wissenschaften wie die Physik, die Chemie, allgemein jede Naturwissenschaft zunächst, ohne auch nur in eine Erörterung dieser Frage einzutreten, die dreidimensionale euklidische Geometrie anzuwenden pflegt. Was dazu zu sagen ist, haben wir in Nr. 20 mit einem Hinweis auf die Kennzeichnung durch den Physiker P l a n c k angedeutet.

Wie wir gesehen haben (Nr. 26, 27), läßt sich genau so wie die euklidische eine jede der beiden nichteuklidischen Geometrien widerspruchsfrei aufbauen. Die Physik z. B. läßt sich tatsächlich auch mit einer nichteuklidischen Geometrie erfassen, ja für gewisse Theorien ist eine solche Ausdrucksweise sogar „einfacher", oder sagen wir „bequemer", als wenn man die euklidische Geometrie benutzt.

Eine weitere Ausdehnung des Raumbegriffes bedeutet die Zulassung von 4-, 5-, allgemein n-dimensionaler Geometrie. Diese können sich nun wieder ihrerseits an das euklidische Muster halten oder nicht. Wie man für eine ebene nichteuklidische Geometrie mit einer etwas modifizierten Kugelgeometrie ein Bild in der dreidimensionalen euklidischen Geometrie entwickeln kann, läßt sich eine dreidimensionale nichteuklidische Geometrie in die vierdimensionale euklidische Geometrie einbauen, und das zeigt die Bedeutung, die der Ausbau der vierdimensionalen Geometrie besitzt — das um so mehr, als man sie ja, wie wir gesehen haben, in gewissem Sinne veranschaulichen kann.

Aber auch wenn die Physik den drei Raumkoordinaten als vierte die Zeit zugesellt, wenn man also von der vierdimensionalen „Welt" spricht, in der jeder Punkt durch ein „wo, wann" festgelegt ist, gewinnen manche Gebiete eine geometrische Deutung, die „bequemer" als die Raum- und Zeitkoordinaten unterschiedlich behandelnde Auffassung sein kann.

Schon wenn es sich aber um n-dimensionale Geometrien mit $n > 4$ handelt, ist es zweckmäßiger, zu jener Arithmetisierung überzugehen, von der wir in Nr. 7 sprachen. Dann ist eben z. B. ein Punkt eine Folge von n reellen Zahlen $(a_1, a_2, \ldots a_n)$, und entsprechend hat man mit den Geraden, Ebenen usf. zu verfahren. Geometrie wird damit Arithmetik.

Ja man ist nicht einmal hierbei stehengeblieben. Mit dem „Hilbert-Raum" wird der kühne Schritt getan, einen Raum von unendlich vielen Dimensionen aufzubauen. Natürlich müssen dabei die unendlichen Folgen von Zahlen, die einen Punkt kennzeichnen, gewissen Bedingungen genügen. Es kam hier nur darauf an, anzudeuten, bis zu welchem Grad von Abstraktion, ausgehend von dem uns umgebenden Raum der Sinnenwelt, man rein gedanklich fortschreiten kann.

35. Der Weg von der abstrakten Geometrie zum Sinnenraum.

Kann man nicht auch irgendwie den Sinnenraum mit einer abstrakten Geometrie erfassen, anders gesagt und gleich präziser gefragt: Wie weit kann man eine konkrete Raumlehre axiomatisieren? Der dänische Mathematiker J. Hjelmslev hat diesem Problem besondere Aufmerksamkeit zugewandt und sogar ein für Schulen verschiedenster Art bestimmtes Lehrbuch geschrieben, die eine „natürliche" Geometrie bringt[1]). Auch Reidemeister[2]) in Marburg hat sich neuerdings mit der Frage auseinandergesetzt.

Zunächst einmal ist im Gebiet der Arithmetik die auf eine endliche Anzahl von Gegenständen, darunter auch Zahlen, beschränkte Kombination unmittelbar auf die Wirklichkeit anwendbar. Ob man n konkrete Gegenstände oder abstrakte mathematische Begriffe permutiert, ändert an dem Sachverhalt nichts; die Anzahl aller möglichen Permutationen ist immer $n!$

Wir haben gesehen, daß in die Axiome der Inzidenz die Forderung der Unendlichkeit der Anzahl von geometrischen Elementen nicht eingeht, eigentlich auch nicht in die linearen Axiome der Anordnung. Versteht man axiomatisch festzulegen, was es heißt, daß der Zusammenhang von linearen und mehrdimensionalen Gebilden der Wirklichkeit nicht geändert werden soll, dann läßt sich damit eine axiomatische Grundlegung der Topologie erreichen, jenem Zweige der Geometrie also, der unabhängig von

---

[1]) J. Hjelmslev: Elementaer Geometri, 3 Bde., Kopenhagen 1919—1921, Gjellerup.
[2]) K. Reidemeister: Raum und Erfahrung, Studium generale 1 (1947), S. 32 ff.

Metrik, Parallelität usf. Aussagen macht über Zusammenhangsverhältnisse von geometrischen Gebilden. Als Objekte kann ich
dann aber ebensogut als Punkte angesprochene Körper, und haben
sie auch die Größe der Erde oder der Sonne, als Linien angesprochene Fäden, Wege, Flußläufe, Äste usf., als Flächen Papier-
bögen, Webwerk, als Körper nun eben reale Körper ansehen. So
wird die Theorie der Graphen und insbesondere der Bäume [1]), der
Knoten [2]), das E u l e r sche Brückenproblem [3]) usf. zu einer mathematisch strengen Lehre von Dingen der realen Wirklichkeit [4]).

[1]) D. K ö n i g : Theorie der endlichen und unendlichen Graphen, Leipzig 1936.

[2]) Vgl. K. R e i d e m e i s t e r : Knotentheorie (Ergebnisse der Mathematik I, 1), Berlin 1932, Springer; H. T i e t z e : Ein Kapitel Topologie (Hamburger
mathematische Einzelschriften 36), Leipzig 1932, B. G. Teubner.

[3]) Vgl. z. B. W. L i e t z m a n n : Lustiges und Merkwürdiges von Zahlen und
Formen, 6. Aufl., Breslau 1943, Hirt.

[4]) Zu erwähnen wäre auch die Theorie der Ornamente, vgl. z. B. W. L i e t z -
m a n n : Mathematik und bildende Kunst, Breslau 1931, Hirt.

Drittes Kapitel: Grundlegung der Arithmetik

1. Zahl und Zählen. Die Arithmetik hat es mit dem Z a h l -
b e g r i f f zu tun. Wir pflegen diesen Begriff aber nicht gleich in
seiner allgemeinsten Form, als komplexe Zahl, als Grundbegriff
an die Spitze zu setzen, sondern entwickeln diesen Begriff in
allmählichem Aufstiege von den natürlichen Zahlen ausgehend,
d. h. also von den Zahlen 1, 2, 3 usf. An die Stelle dieses g e n e -
t i s c h e n Verfahrens[1]) kann man auch genau so wie in der
Geometrie ein a x i o m a t i s c h e s setzen, indem man die Zahl
gleich in ihrer allgemeinsten Form als Grundbegriff gegeben bzw.
durch die Gesamtheit der Axiome definiert ansieht; darüber wird
später noch ein Wort gesagt. Man kann schließlich die Grundlegung der Arithmetik tiefer suchen, indem man den Zahlbegriff
auf einem noch primitiveren Begriff aufbaut, nämlich dem der
M e n g e. Die Dinge, die zu einer Menge gehören, können Zahlen,
aber auch z. B. Punkte, Gerade usf. sein. Wir werden auf einige
Grundtatsachen der Mengenlehre nur im Hinblick auf die eine
Frage eingehen, die sich auf das Unendliche des Zahlbereiches
bezieht.

Mit den Zahlen werden nun O p e r a t i o n e n ausgeführt.
Auch hier gehen wir zunächst von einer Grundoperation aus, die
nicht weiter definiert, vielmehr als allgemein bekannt vorausgesetzt wird; sie ist überdies mit dem Begriff der natürlichen Zahl
untrennbar verbunden: das Zählen.

**2. Die vier Grundrechnungsarten im Bereiche der natürlichen
Zahlen.** Man definiert nun im Bereiche der natürlichen Zahlen in
bekannter Weise zunächst das Addieren als Abkürzung des
Zählens, das Multiplizieren als Abkürzung der Addition gleicher
Summanden. Die Subtraktion wird als Umkehrung der Addition,
die Division als Umkehrung der Multiplikation definiert. Während
Addition und Multiplikation stets ausführbar sind, gilt gleiches

---

[1]) Ein genetischer Aufbau des Zahlbegriffes und der Rechenoperationen wird
gegeben in: H. W i e l e i t n e r : Der Begriff der Zahl in seiner logischen und
historischen Entwicklung, 2. Aufl. (Mathematisch-physikalische Bibliothek, Bd. 2),
1918, und ders.: Die 7 Rechnungsarten mit allgemeinen Zahlen, 2. Aufl. (Ebd. Bd. 7).
Leipzig 1920, B. G. Teubner.

von Subtraktion und Division nicht. Für Addition und Multiplikation gelten die k o m m u t a t i v e n G e s e t z e

$$a + b = b + a \quad \text{und} \quad a \cdot b = b \cdot a,$$

dann, nach Einführung der Addition bzw. Multiplikation mehrerer Zahlen, die a s s o z i a t i v e n G e s e t z e

$$a + (b + c) = (a + b) + c \quad \text{und} \quad a \cdot (b \cdot c) = (a \cdot b) \cdot c,$$

schließlich als grundlegend für das Nebeneinander von Addition und Multiplikation das d i s t r i b u t i v e G e s e t z

$$a (b + c) = ab + ac.$$

Alle diese Gesetze werden im Unterricht aus der Bekanntschaft mit dem natürlichen Zahlbegriff heraus ohne Beweis formuliert, sie sind also — ob wirklich voneinander unabhängig, wäre im einzelnen zu untersuchen — als Axiome anzusprechen. Die Erklärung von Subtraktion und Division als Umkehrung gestattet die Entwicklung der Rechengesetze auch für diese Rechenoperationen.

Alles das kann man in mannigfacher Weise geometrisch, also durch Strecken, Flächen und Körper „veranschaulichen" und damit dem Verständnis näher bringen.

So wird also der erste Schritt getan: die Anwendung der vier Grundrechenoperationen im Bereiche der natürlichen Zahlen.

3. Der Bereich der rationalen Zahlen. Wir pflegen die Einführung der negativen Zahlen in der Weise vorzunehmen, daß wir sagen, durch sie werde die Ausführbarkeit der Subtraktion in jedem Falle gewährleistet. Während zunächst $a - b$ dann, wenn $b > a$ ist, nicht ausführbar ist, wird diese Einschränkung nach der Einführung der negativen Zahlen hinfällig. Wir können auch sagen, die Lösung von $b + x = a$ ist nicht mehr an die Bedingung $a > b$ gebunden. Hierher gehört dann ebenso auch die Einführung der 0.

Wie die Forderung der Ausführbarkeit der Subtraktion zu den negativen Zahlen führt, so die Forderung der Ausführbarkeit der Division zu den Brüchen.

Diese Art der Einführung bezeichnet man seit H a n k e l als P e r m a n e n z p r i n z i p [1]).

Die geschilderte Auffassung läßt sich so — unter Berücksichtigung bekannter Namen — beschreiben: Die natürlichen Zahlen werden durch Hinzutreten der negativen Zahlen zu dem Bereich

---

[1]) Vgl. dazu Anmerkung 1 und 3, S. 39.

der relativen ganzen Zahlen erweitert. Der Bereich der relativen ganzen Zahlen wird dann abermals durch Hinzutreten der gebrochenen Zahlen zum Bereich der rationalen Zahlen erweitert.

Es ist noch eine andere Auffassung möglich: Beim ersten Schritt setzt man an die Stelle der ursprünglichen natürlichen — also vorzeichenlosen Zahlen den Bereich der positiven und negativen, also mit Vorzeichen versehenen ganzen Zahlen. Ebenso setzt man beim zweiten Schritt an die Stelle der ganzen Zahlen die gebrochenen Zahlen, worunter insbesondere auch solche Zahlen sind, die den Nenner 1 haben.

4. Die Rechenoperationen im erweiterten Zahlbereich. Man hat dem Permanenzprinzip noch eine zweite Aufgabe zuerteilt. Es muß erklärt werden, wie man mit den neuen Zahlengebilden rechnet. Wenn man sich an die erste Auffassung der Erweiterung des Zahlbereiches hält, wie wir in Zukunft im allgemeinen tun wollen, dann kann man sagen: Die für die alten Angehörigen des Zahlbegriffes gültigen Rechengesetze sollen auch nach Hinzukommen der neuen Angehörigen erhalten bleiben.

Eine erste Frage ist nun die: W e l c h e Gesetze sollen erhalten bleiben? So gilt z. B. im Falle der natürlichen Zahlen der Satz, daß das Produkt zweier Zahlen mindestens gleich jedem der beiden Faktoren ist. Es wird uns nicht einfallen, dieses Gesetz etwa auch auf Brüche ausdehnen zu wollen. Andererseits wird man an gewissen, und zwar möglichst vielen Gesetzen festhalten. Definiert man z. B. eine Operation o durch

$$\frac{a}{b} \; o \; \frac{c}{d} = \frac{a+c}{b+d},$$

so wird

$$\frac{2}{5} \; o \; \frac{7}{11} = \frac{9}{16}, \text{ aber } \frac{4}{10} \; o \; \frac{7}{11} = \frac{11}{21};$$

man erhält also verschiedene Werte, obwohl $\frac{2}{5} = \frac{4}{10}$ ist. Die Einführung dieser Operation wäre also „unzweckmäßig", obwohl diese Mittelbildung $\left(\text{aus } \frac{a}{b} < \frac{c}{d} \text{ folgt } \frac{a}{b} < \frac{a+c}{b+d} < \frac{c}{d}\right)$ bei gewissen Reihen von Bedeutung ist. Es ist weiter eine Frage, ob es überhaupt Gesetze gibt, die diese Erweiterung ihres Geltungsbereiches vertragen. Habe ich aber die Auswahl: welche werde ich wählen? Jedenfalls liegt in dem Verfahren eine gewisse Willkür. Es bedarf also einer Erklärung, einer Festsetzung, wie man mit den neuen Angehörigen des erweiterten Zahlenbereiches rechnet. Die

Rechenregeln für negative Zahlen lassen sich aus denen für positive nicht beweisen, ebensowenig diejenigen für gebrochene Zahlen aus denen für ganze.

Man kann aber z. B. bei der Multiplikation der negativen und ebenso der gebrochenen Zahlen sehr einfach zeigen, wie man ausgehend vom kommutativen Gesetz zu einer z w e c k m ä ß i g e n Formulierung der Multiplikation mit einer negativen, einer gebrochenen Zahl kommt. Ebenso hat man bei der Addition zu verfahren. Bei Subtraktion und Division kommt man mit der Erweiterung der Tatsache aus, daß diese Rechenoperationen Umkehrungen der Addition und Multiplikation sind.

5. Verbot der Division durch Null. Der Bereich der rationalen Zahlen ist insofern in sich geschlossen, als die Ausübung irgendeiner der vier — rationalen — Rechenoperationen auf irgend zwei Angehörige des Bereiches wieder einen und nur einen Angehörigen des Bereiches liefert; es ist also Ausführbarkeit und Eindeutigkeit gewährleistet.

Hier bleibt nun aber eine einzige schwerwiegende Ausnahme festzustellen: Die D i v i s i o n d u r c h 0 i s t n i c h t g e s t a t t e t. Wir müssen hier klarmachen, warum das so ist, warum es also auch falsch ist, etwa für $\frac{a}{0}$ eine neue „Zahl", die Zahl ∞ einzuführen. Man hätte übrigens auch dann noch nicht ausnahmslos die Durchführung der rationalen Rechenoperationen erreicht, denn man müßte, wie wir gleich sehen werden, jedenfalls auch weiter noch den Fall $a = 0$ ausnehmen.

Die Division war als Umkehrung der Multiplikation erklärt. Es bedeutet also die Aufgabe der Division einer Zahl a durch 0 die Bestimmung der Zahl x in $x \cdot 0 = a$. Wir setzen zunächst a von 0 verschieden voraus. Daß diese Aufgabe im Bereiche der bisher vorhandenen rationalen Zahlen keine Lösung hat, ist klar, denn das Produkt irgendeiner rationalen Zahl mit 0 ist wieder 0 und nicht a. Glaubt man nun aber, für x etwa nach dem Permanenzprinzip eine neue Zahl, eben jene Zahl ∞, einführen zu können, so entsteht eine andere Schwierigkeit. Auch $x \cdot 0 = b$, wo b von a verschieden und übrigens auch von 0 verschieden ist, würde dann durch die Lösung $x = \infty$ erledigt werden. Dann hat aber das Produkt $\infty \cdot 0$ keinen eindeutigen Wert mehr, ist vielmehr beliebig vieldeutig, und das dürfen wir nicht zulassen. Damit entfällt die Möglichkeit der Division $\frac{a}{0}$.

In dem vorher ausgeschlossenen Falle $a = 0$ bei der Bestimmung von $x \cdot 0 = a$ ist die Sachlage anders, ergibt aber gleichfalls ein negatives Ergebnis. Die Gleichung liefert beliebig viele x; auch in diesem Falle stoßen wir uns also an der Unmöglichkeit, die Eindeutigkeit aufrechtzuerhalten.

Wir stellen also fest: Soll die Forderung der Eindeutigkeit des Ergebnisses einer Rechenoperation gewahrt bleiben, dann müssen wir auf die Ausführbarkeit der Rechenoperation $a : 0$, gleichgültig ob $a = 0$ oder $a \neq 0$ ist, verzichten.

6. Widerspruchslosigkeit. Man hat mit Recht Bedenken dagegen erhoben, in dem Permanenzprinzip mehr als einen Wegweiser, ein heuristisches Prinzip zu sehen, nämlich ein vollkommen zulässiges Beweismittel. Wir stellten ja eben schon fest, als wir die Einführung einer Zahl ∞ ablehnten, daß der Mathematiker keineswegs selbstherrlich die Schaffung neuer Zahlen dekretieren kann. Grundsätzlich mit gleichem Recht könnte man ja z. B. auch sagen: Zahlen, die beiden Gleichungen $x + 2 = 2$ und $x + 2 = 3$ gleichzeitig genügen, gibt es im Bereiche der rationalen Zahlen nicht; also schaffe ich mir Zahlen, die das erlauben! Das, was hier wie in dem vorher behandelten Falle Einspruch erhebt, ist die Forderung der Eindeutigkeit. Man kann statt dessen auch sagen, wir wollen uns nicht der Gefahr von Widersprüchen aussetzen. B. R u s s e l l sagt einmal in seiner zu Übertreibungen neigenden, gerade damit aber recht deutlich werdenden Art: „Die Methode, das zu ‚postulieren‘, was man braucht, hat viele Vorteile. Es sind dieselben wie die Vorteile des Diebstahls gegenüber der ehrlichen Arbeit.“

Daß man in dem vorliegenden und in dem in der vorangehenden Nummer behandelten Fall auf Widersprüche stößt, liegt unmittelbar auf der Hand. Wer sagt aber, daß ich nicht z. B. bei den negativen oder bei den gebrochenen Zahlen auch einmal auf Widersprüche stoße. Wir wollen eine solche Möglichkeit, genau so wie wir es bei der Grundlegung der Geometrie ausgeführt haben, ein für allemal ausgeschlossen wissen. Die Frage ist übrigens auch um deswillen besonders wichtig, weil wir ja die Widerspruchslosigkeit der Geometrie auf diejenige der Arithmetik zurückgeführt hatten.

Wir wollen auch hier nur die Frage auf eine andere zurückführen. Wir wollen nämlich voraussetzen, daß die Grundlegung des Rechnens mit natürlichen Zahlen widerspruchslos möglich sei. Wir wollen zeigen, wie man dann die Frage der Widerspruchslosigkeit bei den negativen und gebrochenen Zahlen auf diejenige der natürlichen Zahlen zurückführen kann.

7*

Wir führen (vgl. hierzu auch Nr. 13)

a) Zahlenpaare (a, b) ein, wo a und b natürliche Zahlen sind, und definieren, daß zwei solche Zahlenpaare (a_1, b_1) und (a_2, b_2) gleich sind, wenn

$$(1) \qquad a_1 + b_2 = a_2 + b_1$$

ist. Beispielsweise ist $(a, a) = (b, b)$, wie sofort aus (1) folgt. Man kann nun für diese Zahlenpaare die Rechenoperationen erklären und alle Grundgesetze der Arithmetik, insbesondere die in Nr. 2 genannten, als zutreffend erweisen, weil sie für die natürlichen Zahlen zutreffen. Man kann auch nachweisen, daß ein Widerspruch beim Rechnen mit diesen Zahlenpaaren nur durch einen Widerspruch beim Rechnen mit den natürlichen Zahlen ermöglicht wäre, der ja aber ausgeschlossen sein sollte. Unsere Zahlenpaare sind aber im Falle b größer als a nichts anderes als die gemäß unserem Permanenzgesetz eingeführten negativen Zahlen; wir brauchen nur $(a, b) = a - b$ zu setzen.

b) Daß man gebrochene Zahlen gleichfalls als solche Zahlenpaare einführen kann, liegt uns noch näher; wir schreiben ja jeden Bruch mit zwei ganzen Zahlen. Wir werden zwei Zahlenpaare (a_1, b_1) und (a_2, b_2) als gleich erklären, wenn

$$(2) \qquad a_1 b_2 = a_2 b_1$$

ist, wo die a und b relative ganze, die b auch noch von 0 verschiedene Zahlen sind. Man kann dann wieder die Rechengesetze mit diesen Zahlen in geeigneter Weise erklären und im übrigen den Nachweis der Widerspruchslosigkeit der Brüche genau so auf die Widerspruchslosigkeit der relativen Zahlen zurückführen, wie vorhin die Widerspruchslosigkeit der relativen auf die der natürlichen.

7. Die Rechenoperationen dritter Stufe. Man teilt die vier rationalen Rechenoperationen in der Regel in Operationen erster und zweiter Stufe ein; wie nämlich die Addition sich auf der Operation des Zählens aufbaut, so die Multiplikation auf der Operation des Addierens. Man kann nun noch eine Stufe höher gehen und erhält als Abkürzung einer Multiplikation gleicher Faktoren die Potenzierung. Diese Operation bildet dann den Ausgangspunkt für die Rechenoperationen dritter Stufe.

Da für die Potenzierung das kommutative Gesetz nicht gilt, da im allgemeinen a^b von b^a verschieden ist, liefert die Potenzierung z w e i Umkehrungen. Frage ich in $a^b = c$ nach a, so antwortet darauf die Radizierung $a = \sqrt[b]{c}$, frage ich dagegen nach c, so antwortet darauf die Logarithmierung $b = {}^a\log c$.

Die Ausführbarkeit dieser drei Rechenoperationen im Bereiche
der rationalen Zahlen ist vorerst noch sehr beschränkt. In a^b kann
zwar a eine beliebige rationale Zahl sein, zunächst aber muß nach
dem Wortlaut der Definition b eine natürliche Zahl sein. Man
kann allerdings sehr schnell durch die Definition $a^{-n} = \dfrac{1}{a^n}$, die
sich nach dem Permanenzprinzip als zweckmäßig erweist, den
Potenzbegriff auf relative ganze Exponenten ausdehnen. Man wird
außerdem $a^0 = 1$ definieren. In beiden Fällen besteht die Zweckmäßigkeit darin, daß beim Rechengesetz

$$a^{m-n} = \frac{a^m}{a^n}$$

damit die Nebenbedingung $m > n$ fortfällt. Dabei muß ausdrücklich a von 0 verschieden vorausgesetzt werden.

In $\sqrt[n]{c}$ muß, wenn die Ausführbarkeit gewährleistet sein soll,
c die n-te Potenz einer rationalen Zahl sein. Ist der Wurzelexpo-
nent gerade, so muß man übrigens, damit die Eindeutigkeit gewahrt bleibe, ausdrücklich hinzufügen, daß sich das Symbol auf
den positiven Wert, den sogenannten Hauptwert, beschränkt. Jetzt
gelingt es, durch die wieder nach dem Permanenzgesetz als zweckmäßig zu erweisende Definition $a^{\frac{n}{m}} = \sqrt[m]{a^n}$ den Begriff der
Potenz auf rationale Exponenten auszudehnen, wobei allerdings
die Ausführbarkeit an die eben für den Wurzelradikanden gegebene Einschränkung gebunden bleibt. Übrigens pflegt man sich
bei den Wurzeln auf positive Exponenten zu beschränken.

Man übersieht hiernach, daß auch für die Logarithmierung
entsprechende Beschränkungen der Ausführbarkeit gelten; auf sie
soll hier nicht näher eingegangen werden.

8. Die Irrationalzahlen. Es ist zunächst festzustellen, daß die
Radizierung im Bereiche der rationalen Zahlen nicht immer ausführbar ist. Man weist etwa nach, daß $\sqrt{2}$ keine rationale Zahl
sein kann, denn nehmen wir dies an, setzen wir $\sqrt{2}$ in der bereits
soweit als möglich gekürzten Form $\dfrac{m}{n}$ voraus, dann ergäbe sich
durch Quadrieren $2n^2 = m^2$, woraus folgen würde, daß m eine
gerade Zahl ist. Dann ist aber m^2 durch 4 teilbar, mithin muß auch
n^2 eine gerade Zahl sein und damit n. Es hätte sich also im
Gegensatz zu unserer Annahme herausgestellt, daß m und n doch
noch einen gemeinsamen Teiler, nämlich 2, haben.

Dieser Nachweis, der sich in ähnlicher Weise für andere Wurzelausdrücke führen läßt, zeigt also, daß die Forderung der Ausführbarkeit der Radizierung an die Einführung einer neuen Zahlengattung gebunden ist. Setzen wir noch einschränkend bei geradem Wurzelexponenten den Radikanden positiv voraus, dann sind wir in der Lage, derartige Wurzelausdrücke mit beliebiger Genauigkeit durch Dezimalbrüche darzustellen. Daß das immer möglich ist, daß ich auch immer die — hier muß ich vorausgreifend sagen reellen — Wurzeln einer beliebigen algebraischen Gleichung auf diese Art mit beliebig vorgeschriebener Genauigkeit auffinden kann, lehrt die Arithmetik; es kann z. B. durch systematisches Probieren oder aber durch die sogenannte regula falsi oder durch die N e w t o n sche Näherungsmethode, vielleicht auch auf graphischem Wege geschehen.

Auch bei anderen Zahlerzeugungen, etwa bei der Bestimmung des Verhältnisses von Umfang und Durchmesser des Kreises, bei der Zahl π, gibt es Verfahren, mit beliebiger Annäherung den Wert der Zahl anzugeben.

Man pflegt zu sagen, die neuen Zahlen, die Irrationalzahlen, erscheinen als unendliche unperiodische Dezimalzahlen, von denen wir allerdings immer nur endliche Näherungswerte wirklich hinschreiben können.

Hier wird nun ein Bedenken geäußert: Wenn ich ein Verfahren habe, in einem Teich mit immer feinmaschigeren Netzen zu fischen, so habe ich doch nur dann Aussicht, etwas zu fangen, wenn wirklich Fische da sind. Mit anderen Worten: Näherungswerte für etwas, das nicht scharf definiert wird, und seien sie noch so genau, reichen nicht aus zur vollen Klarheit des Begriffes.

9. Der Dedekindsche Schnitt. Strenge arithmetische Theorien der Irrationalzahl sind erst in den letzten hundert Jahren entwickelt worden, namentlich von W e i e r s t r a ß[1]), G e o r g C a n t o r[2]) und D e d e k i n d. Wir wollen von der D e d e k i n d - schen Erledigung des Problems wenigstens einen Begriff geben. Teilt man die Gesamtheit aller rationalen Zahlen in zwei Klassen, die beide nicht leer sind, derart, daß alle Zahlen der einen Klasse, der Unterklasse, kleiner sind als alle Zahlen der anderen, der Oberklasse, so definiert diese Einteilung einen D e d e k i n d - schen „Schnitt". Natürlich muß ein Verfahren gegeben sein, auf Grund dessen ich entscheiden kann, ob irgendeine rationale Zahl der Unterklasse oder der Oberklasse angehört. So wird z. B. durch

---

[1]) K a r l W e i e r s t r a ß (1815—1897) lehrte an der Universität Berlin.
[2]) G e o r g C a n t o r (1845—1918) lehrte an der Universität Halle.

die sämtlichen rationalen Zahlen, die kleiner als 1 sind, als Unterklasse, und die sämtlichen rationalen Zahlen, die entweder gleich oder größer als 1 sind, als Oberklasse ein Schnitt definiert. Wir wollen einen solchen Schnitt mit (a/A) oder (b/B) bezeichnen, wo der kleine lateinische Buchstabe als Repräsentant der Zahlen der Unterklasse, der große als Repräsentant der Zahlen der Oberklasse steht. Es sind nun drei Fälle möglich:

a) Die Unterklasse enthält eine größte Zahl, dann enthält die Oberklasse keine kleinste Zahl;

b) die Oberklasse enthält eine kleinste Zahl, dann enthält die Unterklasse keine größte Zahl — dieser Fall lag in dem eben genannten Beispiel vor;

c) die Unterklasse enthält keine größte und die Oberklasse keine kleinste Zahl.

Während es leicht ist, die beiden ersten Fälle durch Beispiele zu belegen, ist es zunächst notwendig, zu zeigen, daß der dritte Fall überhaupt eintreten kann. Die Vorschrift soll sein: In der Unterklasse befinden sich diejenigen rationalen Zahlen, deren Quadrat kleiner als 2 ist, in der Oberklasse diejenigen, deren Quadrat größer als 2 ist.

Dann gibt es in der Unterklasse keine größte, in der Oberklasse keine kleinste Zahl. Aus der Überlegung von Nr. 8, wonach $\sqrt{2}$ keine rationale Zahl ist, geht überdies hervor, daß mit Unter- und Oberklasse der Bereich aller rationalen Zahlen erschöpft ist.

Die D e d e k i n d schen Schnitte vom Typus c nennt man Irrationalzahlen. Das klingt zunächst recht sonderbar: Eine Einteilung aller rationalen Zahlen in zwei Klassen wird als „Zahl" angesprochen. Wir werden später (Kapitel 4, Nr. 5) eine etwas handlichere Form finden. Einstweilen müssen wir uns damit zufrieden geben, daß wir im besonderen Fall einfache Bezeichnungen für gewisse Irrationalzahlen haben, wie $\sqrt{2}$, log 2, π, e.

Eine strenge Lehre der Irrationalzahl hat nun nacheinander die Gleichheit zweier Zahlen zu erklären, dann die Rechenoperationen mit diesen Zahlen einzuführen und nachzuweisen, daß für sie die Grundregeln, insbesondere die kommutativen und assoziativen Gesetze für Addition und Multiplikation und das distributive Gesetz der Multiplikation gelten.

10. Komplexe Zahlen. Auch mit der Einführung der Irrationalzahlen ist die Ausführbarkeit der Rechenoperationen dritter Stufe noch nicht gewährleistet. Die Quadratwurzel aus einer negativen

Zahl existiert im Bereiche der reellen Zahlen — so faßt man das
Reich der rationalen und irrationalen Zahlen zusammen — nicht,
denn wäre z. B. $\sqrt{-2} = a$, wo a eine reelle Zahl ist, dann müßte
$a^2 = -2$ sein, das aber ist nicht möglich, weil das Quadrat jeder
reellen Zahl, ob positiv oder negativ, positiv ist.

Die Einführung der rein imaginären Zahlen, die Zusammen-
schweißung dieser Zahlen und der reellen zu dem Bereiche der
komplexen Zahlen können wir hier übergehen, da sie vielfach
im Lehrplan der Schulen behandelt wird. Man kann ganz ähnlich
wie bei den negativen und gebrochenen Zahlen die komplexen
Zahlen als Paare dieses Mal natürlich von reellen Zahlen einführen. Auch die Erklärung der rationalen Rechenoperationen
macht keine grundsätzlichen Schwierigkeiten. Wohl aber entstehen solche bei der Erweiterung der Rechenoperationen dritter
Stufe auf den neuen umfassenderen Zahlbereich. Das Ziel ist, die
Ausführbarkeit irgendeiner Rechenoperation auch der dritten
Stufe auf zwei komplexe Zahlen zu gewährleisten. Das ist möglich; aber die Durchführung des Programms übersteigt die
Grenzen, die wir uns hier stecken müssen. Es sei nur soviel gesagt, daß die Ausführbarkeit erkauft wird auf Kosten der Forderung der Eindeutigkeit. $\sqrt[n]{a}$, wo n eine natürliche Zahl, a eine
komplexe Zahl ist, ist, wie in der Arithmetik gezeigt wird, n-deutig.
Da $e^{ia} = e^{ia + 2n\pi i}$ ist, wo e die Basis des natürlichen Logarithmen-
systems, a eine reelle, n eine natürliche Zahl ist, so ist die
Logarithmierung unendlich vieldeutig.

Wir müssen uns mit der einfachen Mitteilung der Tatsache
begnügen, daß die Ausführung irgendeiner der sieben Rechenoperationen auf irgend zwei komplexe Zahlen wieder auf komplexe Zahlen führt, daß also hier wieder ein in sich geschlossener
„Zahlkörper" vorliegt und daß das Bedürfnis nach Einführung
neuer Zahlgattungen nicht entsteht.

11. Axiome der Arithmetik. Wir stellen nun der g e n e t i s c h e n
Entwicklung des Zahlbegriffes in aller Kürze eine a x i o m a -
t i s c h e Grundlegung gegenüber. Der Begriff Zahl — wir bezeichnen im folgenden Zahlen mit kleinen lateinischen Buchstaben — wird also im folgenden als nicht weiter definierter
Grundbegriff angenommen oder auch (wie das zu verstehen, ist
bei der Grundlegung der Geometrie auseinandergesetzt worden)
als durch die Axiome implizit definiert angenommen. Wir wollen
uns der Einfachheit halber auf reelle Zahlen beschränken; nimmt
man komplexe Zahlen hinzu, dann sind einige Schwierigkeiten

aus dem Wege zu räumen [1]). Es kommt ja aber hier nur auf die Grundgedanken an.

In der ersten Gruppe, den Axiomen der A n o r d n u n g, werden die Begriffe der G l e i c h h e i t, für die das Symbol $=$ angewandt wird, und des G r ö ß e r s e i n s, für das das Symbol $>$ gilt, festgelegt. Wir setzen dabei voraus, daß von der Gleichheit die bei der Besprechung der Identität in der Logik ausgesprochenen Forderungen der Kommutativität und Transitivität erfüllt sind. Auch hier gilt wie bei der Geometrie die Warnung, bei diesen Begriffen keine anschaulichen Vorstellungen, die über das in den Axiomen Gesagte hinausgehen, unbewußt mitzudenken.

I, 1. Sind a und b zwei Zahlen, dann ist entweder $a = b$ oder $a > b$ oder $b > a$. (Axiom der K o n n e x i t ä t.)

I, 2. Ist $a > b$ und $b > c$, dann ist $a > c$. (Axiom der T r a n s i - t i v i t ä t.)

An zweiter Stelle sprechen wir eine Reihe von Axiomen der V e r k n ü p f u n g aus, und zwar handelt es sich um zwei verschiedene Begriffe der Verknüpfung, die Addition, deren Symbol $+$ ist, und die Multiplikation, deren Symbol ist. Wir wollen die Axiome als II A und II B unterscheiden.

A. D i e A d d i t i o n.

II A, 1. Sind a und b zwei Zahlen, dann gibt es stets eine Zahl c so, daß $a + b = c$ ist. (Axiom der E x i s t e n z.)
Insbesondere ist $a + 0 = a$. (Definition der 0.)

II A, 2. Es ist $a + b = b + a$. (Axiom der K o m m u t a t i v i t ä t.)

II A, 3. Es ist $a + (b + c) = (a + b) + c$. (Axiom der A s s o z i a - t i v i t ä t.)

II A, 4. Aus $a > b$ folgt $a + c > b + c$.

II A, 5. Sind a und b zwei Zahlen, dann gibt es stets eine Zahl c so, daß $a + c = b$ ist. (Axiom der S u b t r a k t i o n.) Man schreibt dann auch $c = b - a$.

B. D i e M u l t i p l i k a t i o n.

II B, 1. Sind a und b zwei Zahlen, dann gibt es stets eine Zahl c so, daß $a \cdot b = c$ ist. (Axiom der E x i s t e n z.)
Insbesondere ist $a \cdot 1 = a$. (Definition der 1.)

II B, 2. Es ist $a \cdot b = b \cdot a$. (Axiom der K o m m u t a t i v i t ä t.)

II B, 3. Es ist $a \cdot (b \cdot c) = (a \cdot b) \cdot c$. (Axiom der A s s o z i a t i - v i t ä t.)

---

[1]) So ist das Axiom I, 1. zu ersetzen durch ... entweder $a = b$ oder $a \neq b$ ...

II B, 4. Es ist $a \cdot (b + c) = a \cdot b + a \cdot c$. (Gesetz der D i s t r i b u -
t i v i t ä t.)

II B, 5. Wenn $a > b$ und $c > 0$, dann ist $a \cdot c > b \cdot c$.

II B, 6. Ist a eine von 0 verschiedene Zahl, b eine beliebige Zahl,
dann gibt es stets eine Zahl c so, daß $a \cdot c = b$ ist. (Axiom
der D i v i s i o n.) Man schreibt auch $c = \dfrac{b}{a}$ oder $c = b : a$.

Die dritte und letzte Gruppe von Axiomen bringt uns alte Bekannte von der Geometrie: es sind die S t e t i g k e i t s a x i o m e :

III, 1. Wenn $a > 0$ und $b > 0$ zwei beliebige Zahlen sind, so ist es
stets möglich, a zu sich selbst so oft zu addieren, daß die
entstehende Summe größer als b wird. (A r c h i m e d i -
s c h e s Axiom.)

III, 2. Es ist nicht möglich, dem System der Zahlen ein anderes
System von Dingen hinzuzufügen so, daß auch in dem
erweiterten System alle vorhergehenden Axiome erfüllt
sind.

Wir haben uns bei der Zusammenstellung der Axiome an eine
ältere Arbeit von H i l b e r t angelehnt, allerdings ohne die Anordnung beizubehalten und ohne ihr in allen Einzelheiten zu
folgen.

12. Unabhängigkeit der Axiome. Wie steht es nun hier mit
Vollständigkeit, Unabhängigkeit, Widerspruchslosigkeit, jenen
drei früher bei der Grundlegung der Geometrie gestellten Forderungen? Daß man mit den aufgeführten Axiomen in der Tat das
System der Arithmetik aufbauen kann, läßt sich hier in Kürze
nicht zeigen. Die Unabhängigkeit ist bei unserem Axiomensystem
nicht gewährleistet; es hatte auch mehr den Zweck, die einzelnen
Gruppen mit ihren Begriffsdefinitionen klar voneinander zu
scheiden. Wir wollen aber doch an einem Beispiel zeigen, wie
man auch hier durch Aufweisung einer geigneten Ausfallsarith-
metik die Unabhängigkeit eines Axioms von einer Reihe anderer
nachweisen kann.

Wir wollen beweisen, daß das distributive Axiom der Multiplikation nicht die Folge der kommutativen und assoziativen Axiome
der Addition und Multiplikation ist. Wir behalten als solche die
Zahlen bei, verstehen nur unter der mit $+$ bezeichneten Verknüpfung die Multiplikation, unter der mit $\cdot$ bezeichneten die Addition.
Dann gelten die kommutativen und assoziativen Gesetze der

Addition und Multiplikation auch weiter. Das distributive Gesetz aber würde besagen, wenn ich wieder die üblichen Symbole benutze,

$$a + (b \cdot c) = (a + b) \cdot (a + c),$$

und das ist im allgemeinen nicht erfüllt.

Unser Beispiel hat freilich letzten Endes erst dann Berechtigung, wenn die Widerspruchslosigkeit des Zahlensystems feststeht. Und wenn wir uns erinnern, daß auch die Widerspruchslosigkeit der Geometrie auf diesem Nachweis ruht, dann erkennt man die entscheidende Bedeutung dieser Frage.

13. Zurückführung auf Axiome für die natürlichen Zahlen. Gerade die Forderung der Widerspruchslosigkeit legt den Versuch nahe, den allgemeinen Zahlbegriff, der dem eben behandelten Axiomensystem zugrunde lag, zurückzuführen auf den Begriff der natürlichen Zahlen. Wir wollen wenigstens für die rationalen Zahlen andeuten, wie das möglich ist.

Die Voraussetzung ist also, daß die Arithmetik der natürlichen Zahlen, mit anderen Worten der positiven ganzen Zahlen, bereits entwickelt und als widerspruchsfrei erkannt ist, aber nichts mehr. Die Aufgabe ist die, zunächst die negativen ganzen Zahlen einzuführen. Wir führen, wie wir es schon in Nr. 6 getan hatten, als neue Zahlen Zahlenpaare (a, b) ein, die die Repräsentanten der Lösungen von Aufgaben der Form $a - b$ sind, wo a und b natürliche Zahlen sind. Wir müssen uns jetzt hüten, in unseren Definitionen und Beweisen andere Zahlen zu benutzen als die natürlichen.

Wir definieren zunächst, wann zwei dieser neuen Zahlen gleich sind. Es ist $(a, b) = (c, d)$, wenn $a + d = b + c$ ist, wie wir schon früher (Nr. 6) angeführt hatten. Wir können nun die verschiedenen Axiome für die neuen Zahlen b e w e i s e n. Da der Nachweis der Kommutativität der Gleichheit trivial ist, zeigen wir gleich die Transitivität. Es sei

$$(a, b) = (c, d), \quad \text{d. h.} \quad a + d = c + b$$

und

$$(a, b) = (e, f), \quad \text{d. h.} \quad a + f = e + b,$$

dann folgt

$$a + d + e + b = c + b + a + f$$

oder

$$d + e = c + f,$$

d. h. aber nach der Definition der Zahlenpaare

$$(c, d) = (e, f).$$

Die Gleichheit ist also transitiv.

Wir müssen nun weiter definieren, was man unter der Addition der die negativen Zahlen repräsentierenden Zahlenpaare versteht. Da $(a - b) + (c - d) = (a + c) - (b + d)$ ist, werden wir zweckmäßig definieren

$$(a, b) + (c, d) = [(a + c), (b + d)].$$

Jetzt können wir die Additionsaxiome b e w e i s e n. Wir wollen das etwa mit dem kommutativen Gesetz tun. Wir haben nachzuweisen, daß

$$(a, b) + (c, d) = (c, d) + (a, b)$$

ist. Das folgt sofort aus der eben gegebenen Definition, da ja nach dem für natürliche Zahlen als gültig vorausgesetzten kommutativen Axiom der Addition

$$[(a + c), (b + d)] = [(c + a), (d + b)] \text{ ist.}$$

Wie wir hier an zwei Beispielen das Verfahren bei der Einführung der negativen Zahlen als Zahlenpaare gezeigt haben, können wir auch bei den Brüchen vorgehen. Wir führen eben die Brüche, wie wir es früher (Nr. 6) bereits andeuteten, als Zahlenpaare (a, b) ein, wobei wir nun die Gleichheit, die Addition usf. so definieren, daß sich das Rechnen mit ihnen im Bereiche der natürlichen Zahlen abspielt.

14. Peanos Axiomensystem für natürliche Zahlen. Wir sind mit dem eben angedeuteten Verfahren zu unserer anfänglich benutzten genetischen Methode wieder zurückgekehrt. Wir fragen uns, können wir nun nicht auch bei den grundlegenden, jetzt nur noch auf die natürlichen Zahlen sich beziehenden Axiomen, statt uns an die früheren Axiome zu halten, neue, vielleicht einfachere einführen, in denen das Kennzeichnende des Zählens, das beim allgemeinen Zahlbegriff nicht verwendbar war, zum Ausdruck kommt. Das leistet ein Axiomensystem, das von dem Italiener P e a n o aufgestellt worden ist.

Wir setzen den Gleichheitsbegriff voraus und beginnen mit einer Gruppe von fünf Axiomen, durch die der Begriff der natürlichen Zahl implizit definiert wird.

I, 1. Es gibt ein Element 1.

I, 2. Jedes Element n bestimmt ein von ihm verschiedenes Element n^+

I, 3. Aus $n^+ = m^+$ folgt $n = m$.

I, 4. Es gibt kein Element n so, daß $n^+ = 1$ ist.

I, 5. Das entsprechend diesen Axiomen gebildete System von Elementen ist keiner Erweiterung fähig.

Man übersieht, daß dieses Axiomensystem unabhängig ist; Ausfallsarithmetiken zu bilden, ist nicht schwer. Schreibt man noch $(n^+)^+$ einfacher n^{++}, so lassen sich auf Grund der Axiome die Elemente 1, 1^+, 1^{++}, 1^{+++}, ... erzeugen, und man erhält bei diesem Vorgang nach Axiom 5 auch a l l e Elemente des Systems. Setzt man noch $1^+ = 2$, $1^{++} = 3$ usf., dann hat man die Reihe der natürlichen Zahlen.

15. Peanos Axiomensystem in Begriffsschrift. Um wenigstens an einem Beispiel die in Nr. 26, 27 des ersten Kapitels entwickelte Logistik zu verdeutlichen, seien die eben angeführten P e a n o - Axiome in Begriffsschrift wiedergegeben.

Es bedeuten

e das Symbol für 1,

Z das Symbol für die Menge der natürlichen Zahlen,

N sei Symbol für die Nachfolgebeziehung.

Operatoren seien die uns schon aus Nr. 25 des 1. Kapitels bekannten

$\to$ folgt, impliziert, & und, $\lor$ oder, nicht,

dazu der Alloperator ( ) und für es gibt ε.

Dann schreiben wir die ersten vier Axiome so an:

I, 1. $$e \, \varepsilon \, Z,$$

I, 2. $$(x) \{ (x \, \varepsilon \, Z) \to (N \, x \, \varepsilon \, Z) \},$$

I, 3. $$(x, y) \left(\{ [(x \, \varepsilon \, Z) \, \& \, (y \, \varepsilon \, Z)] \, \& \, (N \, x = N \, y) \} \to (x = y) \right).$$

Darin ist zur Abkürzung geschrieben

$$x = y \quad \text{für} \quad (f) \{ f \, x \to f \, y \}.$$

I, 4 $$(x) \{ (x \, \varepsilon \, Z) \to (N \, x \neq e) \}.$$

Darin ist zur Abkürzung geschrieben

$$x \neq y \quad \text{für} \quad (f) \{ f \, x \to f \, y \}.$$

Statt I, 5 wollen wir gleich das in der nächsten Nr. ausführlich zu behandelnde Gesetz der vollständigen Induktion in Begriffsschrift anschreiben.

Es sei P irgendeine Aussage. Für alle a gelte die Aussage $P(a)$. Aus $P(a)$ folge $P(a + 1)$ und es gelte auch $P(1)$. Wenn dann b irgendeine natürliche Zahl ist, also $Z(b)$ gilt, dann gilt für alle b auch $P(b)$. Schreiben wird das also in Symbolen hin:

$$(P) \{ (a) [(P(a) \to P(a + 1)) \, \& \, P(1)] \to (b) [Z(b) \to P(b)] \}.$$

16. Die vollständige Induktion. Von ganz besonderer Wichtigkeit in diesem System von Axiomen ist das letzte; es ist die Quelle für das Verfahren der vollständigen Induktion oder, wie man auch sagt, des Schlusses von n auf $n + 1$.

Vergleicht man die Anordnungsaxiome in der P e a n o schen Form, so wird man geneigt sein, sie für wesentlich umständlicher zu halten als diejenigen unseres früheren Systems. Die Fruchtbarkeit der neuen Fassung erweist sich aber nun bei den weiteren Axiomen.

Wir kommen jetzt bei der A d d i t i o n mit zwei Axiomen aus:

II A, 1. $$n + 1 = n^+,$$

II A, 2. $$n + (m + 1) = (n + m) + 1.$$

Ebenso genügen für die M u l t i p l i k a t i o n zwei Axiome:

II B, 1. $$n \cdot 1 = n,$$

III, 2. $$n \cdot (m + 1) = n \cdot m + n.$$

Wir wollen als Beispiel etwa das assoziative Axiom

(A) $$a + (b + c) = (a + b) + c$$

und das kommutative Axiom der Addition

(B) $$a + b = b + a$$

unserer früheren Axiomenzusammenstellung jetzt auf Grund unserer neuen Axiome b e w e i s e n, wobei wir uns lediglich auf die bisherigen P e a n o schen Axiome stützen und in allen Fällen die Fruchtbarkeit der Methode der vollständigen Induktion erkennen werden. Die a, b, c bedeuten also jetzt natürliche Zahlen.

Wir wissen, daß der Lehrsatz (A) für den Fall $c = 1$ gilt — nach Axiom II A, 2. Wir nehmen an, er sei für $c = n$ bewiesen, und beweisen ihn unter dieser Annahme für $c = n^+$ Es ist (ich schreibe für jeden Schluß die Begründung dahinter)

$$
\begin{aligned}
a + (b + n^+) &= a + [b + (n + 1)] & &\text{Ax. 1,}\\
&= a + [(b + n) + 1] & &\text{Ax. 2,}\\
&= [a + (b + n)] + 1 & &\text{Ax. 2,}\\
&= [(a + b) + n] + 1 & &\text{nach der Annahme,}\\
&= (a + b) + (n + 1) & &\text{Ax. 2,}\\
&= (a + b) + n^+ & &\text{Ax. 1.}
\end{aligned}
$$

Um nun auch das kommutative Gesetz (B) zu beweisen, schicken wir einen Hilfssatz (C), einen Sonderfall von (B), voraus:

(C) $$a + 1 = 1 + a.$$

Für $a = 1$ ist der Satz richtig. Wir nehmen an, er sei bereits für $a = n$ bewiesen und zeigen unter dieser Annahme, daß er dann auch für $a = n^+$ gilt.

$$
\begin{aligned}
n^+ + 1 &= (n + 1) + 1 && \text{Ax. 1,} \\
&= (1 + n) + 1 && \text{nach der Annahme,} \\
&= 1 + (n + 1) && \text{Ax. 2,} \\
&= 1 + n^+ && \text{Ax. 1.}
\end{aligned}
$$

Schließlich wollen wir jetzt das kommutative Gesetz (B) beweisen. Für $b = 1$ ist es bewiesen, das ist ja der Inhalt unseres Hilfssatzes (C). Wir nehmen an, es sei für n bewiesen, und zeigen, daß es dann auch für n^+ gilt. Es ist

$$
\begin{aligned}
a + n^+ &= a + (n + 1) && \text{Ax. 1,} \\
&= (a + n) + 1 && \text{Ax. 2,} \\
&= (n + a) + 1 && \text{nach unserer Annahme,} \\
&= n + (a + 1) && \text{Ax. 2,} \\
&= n + (1 + a) && \text{Hilfssatz (C),} \\
&= (n + 1) + a && \text{Satz (A),} \\
&= n^+ + a && \text{Ax. 1.}
\end{aligned}
$$

17. Der Begriff der Menge [1]. Wir haben bisher mehrfach von Systemen von Elementen oder insbesondere von Zahlen gesprochen. Da es sich dabei um unendliche Anzahlen von Dingen handelt, liegt es nahe, in eine nähere Erörterung des Begriffes der M e n g e einzutreten und dabei auch diejenigen Fälle zu berücksichtigen, wo es sich um unendliche Mengen handelt.

Wir haben es also mit irgendwelchen Gegenständen — an sich ist es gleichgültig, ob es konkrete Dinge oder abstrakte Begriffe oder etwa Zahlen, Punkte sind, wir werden uns aber an mathematische Gegenstände halten — zu tun, die eine Menge bilden; mit anderen Worten, es muß sich von jedem Gegenstand überhaupt sagen lassen, ob er zur Menge gehört oder nicht.

Liegt eine Menge vor und bildet man aus Elementen der Menge und nur aus solchen eine neue Menge, so ist dies eine T e i l m e n g e, und zwar eine echte Teilmenge, wenn nicht alle Elemente der ursprünglichen Menge in die Teil- oder auch U n t e r m e n g e eingehen.

---

[1]) Eine knappe Einführung geben K. G r e l l i n g : Mengenlehre (Mathematisch-Physikalische Bibliothek Bd. 58). Leipzig 1924, B. G. Teubner; E. K a m k e : Mengenlehre (Sammlung Göschen 999), Berlin 1928, de Gruyter. Ausführlich ist A. F r a e n k e l : Einleitung in die Mengenlehre, 3. Aufl., Berlin 1928, Springer.

Liegen zwei Mengen vor, so heißt die Menge, die aus den Elementen beider Mengen gebildet wird, die **Vereinigungsmenge**.

Die Menge derjenigen Elemente, die in beiden Mengen gleichzeitig vorkommen, heißt ihr **Durchschnitt**.

Auch eine Menge, die nur aus einem Element besteht, nennt man Menge, ja, man spricht auch von einer Nullmenge, d. h. derjenigen Menge, die kein Element enthält.

Beispiele von Mengen, die uns beschäftigen werden, sind

a) irgendwelche Zahlen in endlicher Anzahl, etwa 2, 3, 4 und 5,

b) die Menge der natürlichen Zahlen,

c) die Menge der relativen ganzen Zahlen,

d) die Menge der rationalen Zahlen zwischen 0 und 1 mit Ausschluß der beiden Grenzen,

e) die Menge der rationalen Zahlen,

f) die Menge der algebraischen Zahlen, d. h. derjenigen reellen Zahlen, die Wurzeln einer Gleichung n-ten Grades sein können,

g) die Menge der reellen Zahlen,

h) die Menge der komplexen Zahlen,

i) die Menge der Punkte einer Strecke, etwa der Einheitsstrecke,

k) die Menge der Punkte einer Geraden,

l) die Menge der Punkte eines Quadrates,

m) die Menge der Punkte einer Ebene,

n) die Menge der Punkte eines n-dimensionalen Raumes.

18. Begriff der Äquivalenz. Es sei zwischen zwei Mengen eine eineindeutige Beziehung hergestellt, das soll heißen, es sei durch irgendein Gesetz jedem Element der ersten Menge ein und nur ein Element der zweiten Menge zugeordnet und ebenso jedem Element der zweiten Menge ein und nur ein Element der ersten Menge [1]). So gibt z. B. das Schema

$$
\begin{array}{cccc}
2 & 3 & 4 & 5 \\
\updownarrow & \updownarrow & \updownarrow & \updownarrow \\
7 & 8 & 9 & 10
\end{array}
$$

---

[1]) Zitieren wir dazu Goethe:
Dich im Unendlichen zu finden,
Mußt unterscheiden und dann verbinden.

die Zuordnung zweier Mengen, die aus je vier Elementen bestehen,

$$
\begin{array}{ccccccccc}
1 & 2 & 3 & 4 & 5 & 6 & 7 & 8 & 9\ldots \\
\updownarrow & \updownarrow & \updownarrow & \updownarrow & \updownarrow & \updownarrow & \updownarrow & \updownarrow & \updownarrow \\
2 & 4 & 6 & 8 & 10 & 12 & 14 & 16 & 18\ldots
\end{array}
$$

gibt eine Zuordnung der natürlichen Zahlen zu den geraden Zahlen. Unter irgendeiner natürlichen Zahl n steht die gerade Zahl $2n$, und über jeder geraden Zahl $2m$ steht die natürliche Zahl m.

Zwei Mengen, die man so eineindeutig einander zuordnen kann, nennt man ä q u i v a l e n t. Das Zeichen für äquivalent ist $\sim$. Die oben als Beispiel angeführten Äquivalenzen von Mengen kann man auch so schreiben:

$$\{2, 3, 4, 5\} \sim \{7, 8, 9, 10\},$$
$$\{1, 2, 3, 4, 5, 6, 7, 8, 9, \ldots\} \sim \{2, 4, 6, 8, 10, 12, 14, 16, 18, \ldots\}.$$

Man sieht leicht ein, daß für den Begriff der Äquivalenz das Gesetz der Identität, der Kommutativität und der Transitivität gilt.

Zwei Mengen, die äquivalent sind, haben, so sagt man auch, die gleiche M ä c h t i g k e i t. Unser zweites Beispiel lehrt z. B., daß die Menge der natürlichen Zahlen der Menge der geraden Zahlen äquivalent ist. Endliche und unendliche Mengen unterscheiden sich dadurch, daß echte Teilmengen endlicher Mengen niemals den ursprünglichen Mengen äquivalent sein können, wohl aber echte Teilmengen unendlicher Mengen.

19. Äquivalenzuntersuchungen. Wir wollen nun die von uns angeführten unendlichen Mengen b) bis n) in Nr. 16 daraufhin untersuchen, welche von ihnen von gleicher Mächtigkeit sind. Wir nennen die Menge der natürlichen Zahlen a b z ä h l b a r. Wir untersuchen also zunächst, welche von den genannten Mengen gleichfalls abzählbar sind.

Zunächst zeigt die Zuordnung

$$
\begin{array}{ccccccccccccc}
1 & 2 & 3 & 4 & 5 & 6 & 7 & 8 & 9 & 10 & 11 & 12 & 13\ldots \\
\updownarrow & \updownarrow & \updownarrow & \updownarrow & \updownarrow & \updownarrow & \updownarrow & \updownarrow & \updownarrow & \updownarrow & \updownarrow & \updownarrow & \updownarrow \\
0 & +1 & -1 & +2 & -2 & +3 & -3 & +4 & -4 & +5 & -5 & +6 & -6\ldots,
\end{array}
$$

die sich leicht in ein allgemeines Gesetz fassen läßt, daß die Menge der relativen ganzen Zahlen abzählbar ist — ein unerwartetes Ergebnis! Man wird gefühlsmäßig die Menge der relativen ganzen Zahlen für „größer" gehalten haben als die der natürlichen.

Aber auch die Menge der rationalen Zahlen zwischen 0 und 1 (wir schließen die beiden Grenzen aus) erweist sich als abzählbar. Wir schreiben nacheinander die echten Brüche, in denen die Nenner die Werte 2, 3, 4 ... haben, ordnen die Brüche mit gleichem Nenner nach ihrer Größe und streichen diejenigen Brüche, in denen Zähler und Nenner nicht teilerfremd sind. Der so erhaltenen Reihe rationaler Zahlen zwischen 0 und 1, in der jede auch wirklich einmal und nur einmal vorkommt, kann man dann die Reihe der natürlichen Zahlen eineindeutig zuordnen. Das Schema sieht so aus (die zugeordneten natürlichen Zahlen sind in Klammern unter die Brüche geschrieben):

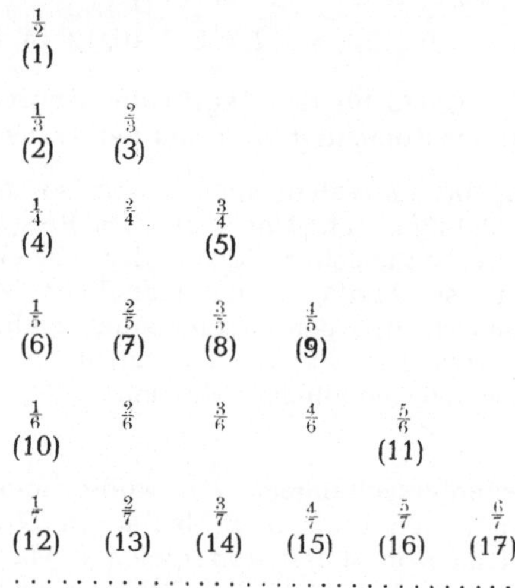

$$\frac{1}{2}$$
$$(1)$$

$$\frac{1}{3} \qquad \frac{2}{3}$$
$$(2) \qquad (3)$$

$$\frac{1}{4} \qquad \frac{2}{4} \qquad \frac{3}{4}$$
$$(4) \qquad\qquad (5)$$

$$\frac{1}{5} \qquad \frac{2}{5} \qquad \frac{3}{5} \qquad \frac{4}{5}$$
$$(6) \qquad (7) \qquad (8) \qquad (9)$$

$$\frac{1}{6} \qquad \frac{2}{6} \qquad \frac{3}{6} \qquad \frac{4}{6} \qquad \frac{5}{6}$$
$$(10) \qquad\qquad\qquad\qquad (11)$$

$$\frac{1}{7} \qquad \frac{2}{7} \qquad \frac{3}{7} \qquad \frac{4}{7} \qquad \frac{5}{7} \qquad \frac{6}{7}$$
$$(12) \qquad (13) \qquad (14) \qquad (15) \qquad (16) \qquad (17)$$

. . . .

wo die ausfallenden Brüche ohne Zuordnung natürlicher Zahlen geblieben sind.

In genau der gleichen Weise kann man nun auch der Gesamtheit der rationalen Zahlen die natürlichen Zahlen zuordnen; man schreibt in eine Reihe jeweils die Brüche $\frac{a}{b}$ mit gleicher Zähler- + Nennersumme $a + b$, also in der ersten Reihe mit $a + b = 2$, in der zweiten mit $a + b = 3$ usf. In jeder Reihe ordnet man nach der Größe. Dann erweist sich auch die Menge der rationalen

Zahlen als abzählbar. Ich schreibe gleich das Zuordnungsschema hin, der Einfachheit halber nur für die positiven rationalen Zahlen:

$$\frac{1}{1}$$
(1)

$$\frac{1}{2} \qquad \frac{2}{1}$$
(2)   (3)

$$\frac{1}{3} \qquad \frac{2}{2} \qquad \frac{3}{1}$$
(4)   (5)

$$\frac{1}{4} \qquad \frac{2}{3} \qquad \frac{3}{2} \qquad \frac{4}{1}$$
(6)   (7)   (8)   (9)

$$\frac{1}{5} \qquad \frac{2}{4} \qquad \frac{3}{3} \qquad \frac{4}{2} \qquad \frac{5}{1}$$
(10)   (11)

$$\frac{1}{6} \qquad \frac{2}{5} \qquad \frac{3}{4} \qquad \frac{4}{3} \qquad \frac{5}{2} \qquad \frac{6}{1}$$
(12)   (13)   (14)   (15)   (16)   (17)

. . . .

Man kann noch weitergehen: Auch die Menge der algebraischen Zahlen erweist sich als abzählbar. Irgendeine algebraische Zahl ist Wurzel einer algebraischen Gleichung, die ich in der Form

$$a_0\, x^n + a_1\, x^{n-1} + a_2\, x^{n-2} + \cdots + a_{n-1}\, x + a_n = 0$$

schreiben kann, wo die Koeffizienten $a_0, a_1, \ldots, a_n$ g a n z e Zahlen sind. a_0 soll von 0 verschieden sein. Dann schreibe ich nacheinander die sämtlichen algebraischen Gleichungen auf, für die die „Rangzahl"

$$n - 1 + a_0 + a_1 + a_2 + \cdots + a_{n-1} + a_n$$

den Wert 1, dann den Wert 2, dann den Wert 3 usf. hat. Das sind in jeder Reihe jeweils endlich viele, auch wenn ich die verschiedenen möglichen Vorzeichenkombinationen der a berücksichtige; sie in eine bestimmte Ordnung zu bringen, macht keine Schwierigkeit. Jede der so gefundenen Gleichungen hat nach dem Fundamentalsatz der Algebra endlich viele Wurzeln, von denen ich nur die reellen herausgreife; ich denke sie mir nach ihrer absoluten Größe und, wenn diese gleich, so geordnet, daß die positive Wurzel vorangeht. Schließlich sind noch alle gleichen Wurzeln bis auf die jeweils zuerst auftretende zu streichen. Dann habe ich eine Anordnung aller reellen Wurzeln algebraischer Gleichungen, in der jeder von ihnen eine Stelle eindeutig zukommt und damit eine natürliche Zahl eineindeutig zugeordnet ist.

Der bisherige Befund legt die Frage nahe: Gibt es überhaupt andere als abzählbare Mengen?

20. Die reellen Zahlen sind nicht abzählbar. Das Kontinuum.
Wir setzen als bekannt voraus, daß sich jede reelle Zahl als
Dezimalbruch darstellen läßt; ist die Zahl rational, dann ist der
Dezimalbruch endlich oder periodisch. Ich muß hier allerdings
noch eine Festsetzung treffen: Die Dezimalbrüche 0,3999 ... und
0,4000 ... haben gleichen Wert, obwohl sie nicht mit gleichen
Ziffern geschrieben werden. Ich will mich im Falle eines endlichen
Dezimalbruches für den Ersatz durch den gleichwertigen periodischen Dezimalbruch mit entsprechender Neunerperiode am
Schluß entscheiden. Wir nehmen nun an, wir hätten eine eineindeutige Zuordnung der reellen Zahlen zwischen 0 und 1 zu den
natürlichen Zahlen gefunden, mit anderen Worten, wir hätten die
reellen Zahlen in eine Reihe gebracht, in der alle vorkommen; es
sei das die Folge:

$$
\begin{array}{ccccccc}
0, & a_{11} & a_{12} & a_{13} & a_{14} & a_{15} & a_{16} \cdots \\
0, & a_{21} & a_{22} & a_{23} & a_{24} & a_{25} & a_{26} \cdots \\
0, & a_{31} & a_{32} & a_{33} & a_{34} & a_{35} & a_{36} \cdots \\
0, & a_{41} & a_{42} & a_{43} & a_{44} & a_{45} & a_{46} \cdots \\
0, & a_{51} & a_{52} & a_{53} & a_{54} & a_{55} & a_{56} \cdots \\
\end{array}
$$

$$\cdots \cdots \cdots \cdots \cdots \cdots \cdots$$

Darin sind die mit Indizes unterschiedenen a irgendwelche Ziffern
$0, 1, 2, \ldots, 9$. Wir führen nun eine neue Zahl α ein derart, daß

$$\alpha = 0, \; \alpha_1 \, \alpha_2 \, \alpha_3 \, \alpha_4 \, \alpha_5 \, \alpha_6 \cdots$$

ist, worin α_1 irgendeine von a_{11} und 0 verschiedene Ziffer ist, α_2
irgendeine von a_{22} und 0 verschiedene Ziffer, α_3 irgendeine von
a_{33} und 0 verschiedene Ziffer usf. Ich behaupte, daß diese reelle
unendliche Dezimalzahl, die zwischen 0 und 1 liegt, sicherlich
nicht in der obigen Reihe vorkommt. Wegen der Wahl von α_1
stimmt sie jedenfalls nicht mit der ersten Zahl überein, da α_2 von
a_{22} verschieden, auch nicht mit der zweiten usf. Unsere Anordnung der reellen Zahlen erfaßte also, im Gegensatz zu unserer
Annahme, nicht alle reellen Zahlen. Mithin ist die Menge der
reellen Zahlen nicht abzählbar.

Eine triviale Folgerung dieser Tatsache ist es, daß es reelle
Zahlen gibt, die nicht algebraisch sind; man nennt sie t r a n s z e n -
d e n t. Bekanntlich sind π und e solche Zahlen; der Beweis für diese
Tatsache übersteigt allerdings die uns hier gesteckten Grenzen.
Unser Ergebnis lehrt nun aber, daß die Transzendenz nicht etwa
eine seltene Ausnahmeerscheinung ist, sondern daß die Menge der
transzendenten Irrationalitäten unvergleichlich „größer" als diejenige der algebraischen ist.

Allerdings ist der Nachweis, daß irgendeine vorgelegte Zahl transzendent ist, nicht leicht zu führen, und man ist lange Zeit über die Erledigung des Falles e und π nicht hinausgekommen [1]. Erst 1934 ist bewiesen, daß von trivialen Fällen abgesehen, von den drei reellen Zahlen a, β und a^β mindestens eine transzendent ist. Beispielsweise ist $2^{\sqrt 2}$ transzendent.

Wie sich dieser Fall an die Exponentialfunktion anknüpft, so schließen weitere neuere Untersuchungen an andere Arten von Funktionen an, etwa die elliptischen. Ein daraus folgendes Beispiel ist: Sind die Halbachsen a und b einer Ellipse algebraische Zahlen, dann ist der Ellipsenumfang transzendent.

Man nennt die Mächtigkeit der Menge der reellen Zahlen das K o n t i n u u m. Da man auf der Zahlengeraden jeder Zahl einen Punkt zuordnet, so kann man auch sagen, die Menge der Punkte einer Geraden — zunächst muß ich noch sagen einer Strecke von der Länge 1 — bildet das Kontinuum.

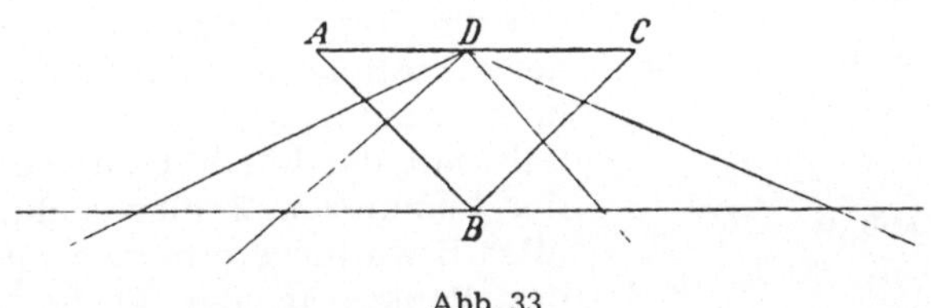

Abb. 33

21. Kontinuumsuntersuchungen. Den Nachweis, daß die Menge der reellen Zahlen äquivalent der Menge der reellen Zahlen zwischen 0 und 1 ist, wollen wir nicht an den Zahlen, sondern geometrisch an Gerade und Strecke erbringen. AB und BC sind (Abb. 33) die Katheten eines rechtwinklig-gleichschenkligen Dreiecks und haben die Länge $\frac{1}{2}$; parallel zu AC ist durch B die Gerade gezogen. Von der Mitte D der Hypotenuse AC sind Strahlen gezogen, die eine eineindeutige Beziehung zwischen den Punkten der in die beiden Katheten unterteilten Strecke von 0 bis 1 (unter Ausschluß der Grenzen) und den Punkten der Geraden vermitteln. Damit ist die Äquivalenz von Strecke und Gerade nachgewiesen.

Unter Benutzung dieser Tatsache können wir nun auch leicht die Äquivalenz der Punkte der Ebene und eines Quadrates nach-

---

[1] Von den vielen Darstellungen über die Transzendenz von e und π seien genannt: O. P e r r o n , Irrationalzahl, 2. Aufl., Berlin 1939, de Gruyter; G. H e s s e n b e r g , Transzendenz von e und π, Leipzig 1912, B. G. Teubner.

weisen. Wir bilden den ersten Quadranten der mit einem
D e s c a r t e s schen Koordinatensystem überzogenen Ebene auf
das Quadrat ab, dessen zwei anliegende Seiten die Hälften der
Einheitsstrecken auf x- und y-Achse sind. Mit den drei anderen
Quadranten kann dann in gleicher Weise verfahren werden. Sind
dann x und y die Koordinaten irgendeines Punktes P im ersten
Quadranten, so entsprechen den Strecken x und y auf Grund der
vorher gegebenen Abbildung von positiver Halbgerade auf eine
Strecke von der Länge $\frac{1}{2}$ zwei zwischen 0 und $\frac{1}{2}$ liegende Strecken
x' und y'. Sie wähle ich als die Koordinaten des Bildpunktes P'
von P. Dann habe ich so eine eineindeutige Abbildung der Punkte P des Ebenenquadranten auf die Punkte P' des Quadratviertels erreicht. Mit diesem Verfahren ist ohne weiteres die Abbildung der ganzen Ebene auf das Einheitsquadrat gegeben.

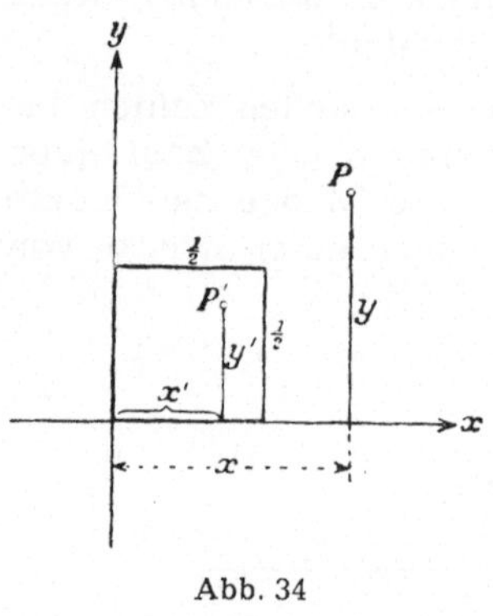

Abb. 34

Nach diesen Vorbereitungen wollen wir die Frage entscheiden, wie es mit der Mächtigkeit der Punkte der Ebene oder, wenn man es anders ausdrücken will, mit der Mächtigkeit der Menge der komplexen Zahlen steht. Wider alles Erwarten ergibt sich die Menge der Punkte in der Ebene als von
gleicher Mächtigkeit wie die Menge der Punkte auf der Geraden.
Wir führen den Nachweis, indem wir eine eineindeutige Beziehung
zwischen den Punkten der Einheitsstrecke und des Einheitsquadrates herstellen. Es seien (Abb. 34)

$$x = 0, \; x_1\, x_2\, x_3\, x_4\, x_5\, x_6 \ldots$$

$$y = 0, \; y_1\, y_2\, y_3\, y_4\, y_5\, y_6 \ldots$$

die Koordinaten eines Punktes im Innern des jetzt in den ersten
Quadranten hineingeschobenen Einheitsquadrates. Dann ordne ich
ihm auf der Einheitsstrecke den Punkt mit der Koordinate

$$z = 0, \; x_1\, y_1\, x_2\, y_2\, x_3\, y_3\, x_4\, y_4\, x_5\, y_5\, x_6\, y_6 \ldots$$

zu. Man überzeugt sich leicht, daß es sich hier tatsächlich um eine
eineindeutige Zuordnung handelt.

Das Gesetz der Zuordnung macht es ohne weiteres durchsichtig, daß auch die Punkte des dreidimensionalen, des n-dimen-
sionalen Raumes die Mächtigkeit der Punkte der Strecke, d. h. des
Kontinuums haben. Überraschend ist diese Tatsache deshalb, weil
damit der Begriff der Dimension eine Minderung seiner beherr-

schenden Rolle zu erleiden scheint. Man mache sich aber klar,
daß es sich bei der von uns gegebenen Beziehung um keine
stetige, die Zusammenhänge beibehaltende Abbildung handelt [1]).

22. Mengen, die weder abzählbar noch Kontinuum sind. Wir
haben bisher abzählbare Mengen und solche von der Mächtigkeit
des Kontinuums kennengelernt. Wieder entsteht die Frage: gibt
es noch andere Mächtigkeiten als diese beiden? Ob zwischen Abzählbarkeit und Kontinuum — was dieses „zwischen" besagt, bedarf allerdings genauerer Festsetzung — noch eine weitere Mächtigkeit vorhanden ist, weiß man nicht. Aber daß es über das Kontinuum hinaus noch Mächtigkeiten gibt, sogar beliebig viele, das
weiß man. Versteht man mit D i r i c h l e t unter einer (reellen)
Funktion im (abgeschlossenen) Bereiche von 0 bis 1 irgendeine
Anweisung, durch die jeder reellen Zahl dieses Intervalles irgendeine reelle Zahl eindeutig zugeordnet wird, dann hat die Menge
der möglichen Funktionen dieser Art nicht mehr die Mächtigkeit
des Kontinuums. Zwei Funktionen dieser Menge sind als verschieden anzusehen, wenn sie an mindestens einer Stelle des Bereiches verschiedene Werte haben. Da es bereits zu irgendeinem
Werte x_0 des Bereiches nicht abzählbar viele Werte y_0 gibt, kann
die Menge der möglichen Funktionen nicht abzählbar sein.
Nehmen wir jetzt an, die Menge unserer Funktionen sei dem Kontinuum äquivalent. Dann könnte man die sämtlichen Funktionen $f(x)$ den Punkten z des Bereiches von 0 bis 1 eineindeutig
zuordnen. z sei die Funktion $f_z(x)$ zugeordnet. Jetzt werde eine
Funktion $g(z)$ gebildet so, daß für jedes z $g(z) \neq f_z(x)$ ist. Das ist
immer und zwar auf die verschiedenste Weise möglich. Nun ist
aber $g(z)$ auch eine Funktion des Bereiches. Sie müßte also mit
irgendeiner der Funktionen, sagen wir mit $f_n(x)$ übereinstimmen.
Es wäre also $g(n) = f_n(n)$. Das n bedeutet aber nach der Definition von $g(z)$, die ja auch für den speziellen Wert n des Bereiches
verlangt, daß $g(n) \neq f_n(n)$ ist, einen Widerspruch.

Wir kommen also bei dieser, dem Diagonalverfahren zum
Nachweis der nicht abzählbaren Mengen ganz analogen Schluß-
weise zu dem Ergebnis, daß das angeführte Beispiel einer Menge
von Funktionen nicht dem Kontinuum äquivalent sein kann.

23. Transfinite Zahlen. Man bleibt natürlich nun bei der Kon-
statierung der verschiedenen Arten von Mächtigkeiten nicht
stehen, vielmehr ordnet man den verschiedenen Mächtigkeiten

---

[1]) B r o u w e r hat bewiesen, daß die Dimensionszahl invariant ist gegenüber
eindeutigen Abbildungen, wenn diese obendrein s t e t i g sind.

Zahlen zu, t r a n s f i n i t e Kardinalzahlen, im Gegensatz zu den Anzahlbezeichnungen endlicher Mengen. Bezeichnet etwa a die Abzählbarkeit, c das Kontinuum — das sind die beiden für uns ja hier vornehmlich in Betracht kommenden transfiniten Zahlen —, und n eine endliche Menge, dann handelt es sich darum, die Rechengesetze für diese Zahlen aufzustellen.

Für die A d d i t i o n gelten folgende Regeln, die man sich leicht klar macht:

$$n + a = a, \quad a + a = a, \quad n + c = c, \quad a + c = c, \quad c + c = c,$$

und für die M u l t i p l i k a t i o n

$$n \cdot a = a, \quad a \cdot a = a, \quad n \cdot c = c, \quad a \cdot c = c, \quad c \cdot c = c.$$

Die S u b t r a k t i o n fällt aus. Da z. B. sowohl $n + a = a$ wie auch $a + a = a$ ist, könnte rein formal $a - a$ gleich a oder n sein. $a - a$ wäre also nicht eindeutig bestimmt. Damit ist das Subtraktionsaxiom II A, 5 in Nr. 11: „Sind a und b zwei Zahlen, dann gibt es stets e i n e Zahl c so, daß $a + c = b$ ist", für $a = a$ und $a = b$ hinfällig.

Auch die D i v i s i o n ist hinfällig, weil z. B. $n \cdot a = a$ und $a \cdot a = a$ ist und damit die vom Divisionsaxiom II B, 6 in Nr. 11 geforderte Eindeutigkeit der Operation $\frac{a}{a}$ nicht zutrifft.

24. Paradoxien der Mengenlehre. Wir haben uns in den vorangehenden Darlegungen mit der jetzt oft als naiv-elementar genannten C a n t o r schen Theorie der Mengen begnügt. Man kommt aber in ihrem Rahmen auf Widersprüche, die in der weiteren Entwicklung der Lehre als Paradoxien bekannt geworden sind. Eine dieser Paradoxien knüpft an den Begriff der Menge aller Mengen an, die sich nicht selbst als Element enthalten. Wir nennen sie M. Es sind ja Mengen von Elementen denkbar, als deren eines Element die Menge selbst auftritt, beispielsweise die Menge aller abstrakten Begriffe. Daß es Mengen gibt, die sich selbst nicht als Element enthalten, ist klar: die Menge der Zahlen 1, 2 und 3 enthält sich nicht selbst.

Wir fragen: Enthält sich M selbst als Element oder nicht. Enthält sich M selbst als Element, dann darf es sich nach der Definition von M nicht enthalten, man ist also auf einen Widerspruch gestoßen. Also bleibt nur die Annahme übrig, daß sich M nicht als Element enthält. Dann muß sich aber, wieder nach der Definition, M als Element enthalten. Auch diese Annahme führt also auf einen Widerspruch. Eine dritte Möglichkeit gibt es nicht; beide Annahmen führen auf einen Widerspruch, also ist der Begriff M selbst widerspruchsvoll. Und doch. ist zu seiner Bildung nicht mehr benutzt, als was die einfachste Begriffsschöpfung der Mengenlehre unmittelbar darbietet.

Der Leser wird gemerkt haben, daß er hier in der Sprache der Mengentheorie vorgetragen erhalten hat, was er als Dorfbarbier und heterologisches Eigenschaftswort bereits in Nr. 9 des ersten Kapitels kennengelernt hat.

Wie kann man die Paradoxien der Mengenlehre aus der Welt schaffen? Man wird streng nach axiomatischer Methode vorgehen, also eine Reihe unter einander widerspruchsfreier Grundsätze an die Spitze stellen müssen. Dabei wird sich, wenn die Widerspruchsfreiheit der Axiome wirklich gewährleistet ist, von selbst ergeben, daß das so implizit definierte Begriffssystem der Mengenlehre Paradoxien, wie wir deren eine kennenlernten, nicht zuläßt. Daß das Programm, das damit umrissen ist, leichter formuliert als durchgeführt ist, bedarf keiner Begründung. Es muß hier genügen, die Sachlage anzudeuten.

24. Geordnete Mengen. Wir haben gesehen, daß wir die Elemente einer abzählbaren Menge in eine Reihenfolge bringen können, d. h. von einer so g e o r d n e t e n M e n g e angeben können, ob irgendein Element a der Menge vor oder nach einem von ihm verschiedenen Wert b steht. Wir wollen für dieses Vor-oder-nach-stehen ein Zeichen einführen; $a \prec b$ soll heißen, a steht vor b. Ist das der Fall, dann kann man auch $b \succ a$ schreiben, b steht nach a. Es ist also niemals $a \prec b$ und $b \prec a$, niemals $a \prec a$. Aus $a \prec b$ und $b \prec c$ folgt $a \prec c$; b liegt dann zwischen a und c. Die Zeichen $\prec$ und $\succ$ sind nicht identisch mit dem $<$- und $>$-Symbol. Es handelt sich gar nicht um ein Größer- oder Kleinersein der Elemente. Bei der Menge $\{1, 2, 3, 4\}$ decken sich zwar $\prec$- und $<$-Symbol, nicht aber bei der Menge $\{4, 3, 2, 1\}$, wo sich $\prec$ mit $>$ deckt, nicht auch bei der Menge $\{1, 4, 2, 3\}$, wo sich $\prec$ weder mit $>$ noch mit $<$ deckt.

Man kann die Elemente einer endlichen Menge auf die verschiedenste Weise ordnen — vorausgesetzt, daß es sich nicht um die Nullmenge oder die Menge 1 handelt. Werden die Elemente irgendeiner geordneten endlichen Menge irgendwie permutiert, dann bilden sie immer wieder eine geordnete Menge. Die Frage nach der Ordnung einer Menge wird also erst interessant, wenn es sich um eine unendliche Menge handelt.

Auch unendliche Mengen können geordnet sein. Das Urbild ist die Menge der natürlichen Zahlen $\{1, 2, 3, 4, \ldots\}$, aber auch die

Menge der rationalen Zahlen zwischen 0 und 1, der algebraischen Zahlen aller reellen Zahlen sind geordnet, wenn man sie der Größe nach ordnet.

Eine solche unendliche geordnete Menge hat ein Anfangselement oder hat es nicht. $\{1, 2, 3, 4, \ldots\}$ hat ein Anfangselement, $\{\ldots -4, -3, -2, -1, 0, 1, 2, 3, 4, \ldots\}$ hat keins. Eine geordnete Menge kann ein Endglied haben, wie $\{\ldots -4, -3, -2, -1, 0\}$ oder keins, wie die beiden obengenannten Mengen. Eine geordnete unendliche Menge kann weder Anfangsglied noch Endglied haben, wie wir schon sahen; es kann sowohl Anfangs- wie Endglied haben, wie die Menge der rationalen Zahlen zwischen 0 und 1 mit Einschluß der Grenzen. In allen diesen Beispielen deckte sich das $\prec$-Symbol mit dem $<$-Symbol; aber das ist, wie wir schon sagten, nicht notwendig.

25. Ähnlichkeit geordneter Mengen. Geordnete Mengen heißen ä h n l i c h , wenn sich zwischen ihren Elementen eine eineindeutige Beziehung unter Beibehaltung der Ordnung herstellen läßt. Man benutzt als Symbol für die Ähnlichkeit geordneter Mengen das Zeichen $\simeq$. Sind M_1, M_2, M_3 geordnete Mengen, dann ist $M_1 \simeq M_1$, aus $M_1 \simeq M_2$ folgt $M_2 \simeq M_1$ und aus $M_1 \simeq M_2$ und $M_2 \simeq M_3$ folgt $M_1 \simeq M_3$. Für die Ähnlichkeit geordneter Mengen gilt also das Gesetz der Identität, der Kommutativität und der Transitivität.

Die Frage ist: Sind äquivalente Mengen auch ähnlich? Wir bezeichnen die geordnete Menge der natürlichen Zahlen $\{1, 2, 3, 4, \ldots\}$ mit ω und nennen ω ihren O r d n u n g s t y p.

Wir stellen zunächst fest, daß es außer der geordneten Menge der natürlichen Zahlen auch andere geordnete Mengen vom Ordnungstyp ω gibt, z. B. $\{10, 11, 12, 13, \ldots\}$ oder $\{1, \frac{1}{2}, \frac{1}{3}, \frac{1}{4}, \ldots\}$ oder $\{\frac{1}{2}, \frac{2}{3}, \frac{3}{4}, \frac{4}{5}, \ldots\}$ oder $\{2, 1, 4, 3, 6, 5, \ldots\}$. Nach dem früher (Nr. 19) Hergeleiteten lassen sich alle Mengen, die den natürlichen Zahlen äquivalent, also abzählbar sind, so ordnen, daß sie dem Ordnungstyp ω angehören.

Aber nicht alle geordneten Mengen sind vom Typ ω, der ja ein erstes Element voraussetzt, damit eine eindeutige Zuordnung zur Menge $\{1, 2, 3, 4, \ldots\}$ möglich ist. $\{\ldots 4, 3, 2, 1\}$ z. B. hat einen anderen Ordnungstyp, den man mit ω^* bezeichnet. Auch $\{2, 3, 4, \ldots 1\}$ oder $\{3, 4, 5, \ldots, 1, 2\}$ gehört nicht zum Ordnungstyp ω. Man nennt im ersten Fall den Ordnungstyp $\omega + 1$, im zweiten Fall $\omega + 2$.

26. Vom Rechnen mit Ordnungstypen. Gehen wir von zwei geordneten Mengen aus, einer endlichen $M_1 = \{1, 2, 3, \ldots 10\}$ und einer unendlichen $M_2 = \{11, 12, 13, 14, \ldots\}$. Die beiden sind elementefremd. Wir bilden die Vereinigungsmenge. Dann müssen wir

$$M_1 + M_2 = \{1, 2, 3, \ldots 10, 11, 12, 13, \ldots\}$$

und $\qquad M_2 + M_1 = \{11, 12, 13, \ldots, 1, 2, 3, \ldots 10\}$

unterscheiden. Die Menge $M_1 + M_2$ hat den Ordnungstyp ω, die Menge $M_2 + M_1$ den Ordnungstyp $\omega + 10$. Schon dieses Beispiel zeigt, daß das kommutative Gesetz der Addition für Ordnungstypen n i c h t gilt.

Ein zweites Beispiel: Die geordneten Mengen $M_1 = \{1, 3, 5, 7, \ldots\}$ und $M_2 = \{2, 4, 6, \ldots\}$ sind elementefremd. Aber die Vereinigungsmenge $\{1, 2, 3, 4, 5, 6, \ldots\}$ hat den Ordnungstyp $2 \cdot \omega = \omega$, während die Vereinigungsmenge $\{1, 3, 5, 7, \ldots, 2, 4, 6, 8, \ldots\}$ den Ordnungstyp $\omega + \omega$ hat, wofür wir auch $\omega \cdot 2$ schreiben. Also gilt auch für die Multiplikation das kommutative Gesetz nicht.

Wir wollen nicht weiter auf diese ω-Rechnung eingehen. Was man unter $\omega \cdot n$, unter $\omega \cdot \omega$ wird zu verstehen haben, möge der Leser selbst überlegen und durch Beispiele belegen.

Wesentlich war an dieser Stelle für uns, daß das Rechnen mit Ordnungstypen zeigt, daß Gesetze wie das kommutative für Addition und Multiplikation nicht selbstverständlich sind. Während das assoziative Gesetz gilt, ist beim distributiven Gesetz die Multiplikation nach rechts und nach links zu unterscheiden. Auch das durch Beispiele zu belegen, sei dem Leser überlassen.

Viertes Kapitel: Grundlegung der Analysis

1. Unendlich als Anzahlbezeichnung. Der Funktionsbegriff, der die Analysis beherrscht, setzt eine gründliche Auseinandersetzung mit dem G r e n z b e g r i f f und damit mit dem Begriff des Unendlichen voraus.

Wir haben in den letzten Abschnitten des vorangehenden Kapitels eine Erörterung des Begriffes Unendlich kennengelernt, die sich auf den Begriff der Menge stützt; man nennt diesen Begriff auch das Aktualunendliche. Wir werden sehen, daß wir uns bei der Grundlegung der Analysis vom Aktualunendlichen frei halten können; wir können also überall da, wo wir üblicherweise das Wort „unendlich" anwenden, eine Formulierung im Bereiche des Endlichen finden. In den historischen Anfängen der Analysis hat man diese Art der Grundlegung nicht gekannt; L e i b n i z und N e w t o n ebenso wie ihre Vorgänger und Nachfolger operierten letzten Endes mit nicht völlig geklärten Grundbegriffen. Erst C a u c h y und W e i e r s t r a ß haben eine des Aktualunendlichen im großen und kleinen entratende Grundlage gegeben, wie wir sie hier in den Grundzügen andeuten werden.

Wenn es heißt, die Anzahl der natürlichen Zahlen ist unendlich, genauer unendlich groß, so will das besagen: Wenn mir irgendeine — noch so große — natürliche Zahl angegeben wird, dann kann ich immer noch eine größere angeben. Der in Striche eingegrenzte Zusatz ist übrigens noch überflüssig.

Die Aussage, die Anzahl der Primzahlen ist unendlich, bedeutet: Wenn ich eine noch so große Primzahl habe, dann gibt es immer noch eine größere. Ich kann das mit einer schon von E u k l i d angestellten Überlegung beweisen, indem ich ein Verfahren angebe, eine solche größere Primzahl zu finden. Ist nämlich p irgendeine Primzahl, dann ist das um 1 vermehrte Produkt aller Primzahlen von 2 bis p entweder selbst eine Primzahl größer als p, oder die Zerlegung dieser Zahl in Primfaktoren führt auf Primzahlen, die sämtlich größer als p sind. Das ergibt sich einfach daraus, daß die angegebene Zahl ja bei der Division durch jede der Primzahlen bis hin zu p den Rest 1 gibt.

Wir machen hier keine Unterscheidungen über den Grad des Unendlichen, wie wir es in der Mengenlehre getan haben, als wir abzählbare Mengen und Kontinuum verglichen. Wir sagen also auch: Die Anzahl der Punkte auf einer Strecke ist unendlich, und meinen damit, daß, wenn irgendwelche Punkte in endlicher Anzahl gegeben sind, immer noch ein weiterer gefunden werden kann, etwa nach dem ersten Axiom der Anordnungsgruppe.

Ausdrücklich ist noch einmal zu warnen vor der Auffassung, man könne ohne weiteres, vielleicht nachdem man noch das Symbol ∞ eingeführt hat, den so eingeführten Unendlichkeitsbegriff als Zahl ansprechen (vgl. Nr. 5). Über die Rechenoperationen mit dem Unendlichen ist ja noch gar nichts gesagt worden. Es ist schon gefährlich, den Begriff „Zahl" in der Definition unseres „Unendlichen", wie wir es eben erklärt haben, zu verwenden. Eine Definition wie etwa: „Eine Zahl heißt unendlich groß, wenn sie größer ist als jede noch so große Zahl", ist abzulehnen; sie würde z. B. die Ungleichung $\infty > \infty$ zur Folge haben.

Auch die oft für die Addition als gültig angegebene Rechenregel

$$(1) \qquad \infty + a = \infty,$$

wo a eine endliche Zahl ist, führt ohne weiteres auf einen Unsinn, denn dann wird auch

$$(2) \qquad \infty + a = \infty + b,$$

wo $a \neq b$ ist, und daraus würde $a = b$ folgen, im Sonderfall natürlich $a = 0$. Oder rechnen wir einmal mit (1) munter weiter; quadrieren wir es, dann wird

$$(3) \qquad \infty^2 + 2\,a\,\infty + a^2 = \infty^2$$

und daraus

$$(4) \qquad \infty = -\frac{a}{2}.$$

Ja legen wir uns Fragen vor wie: Ist ∞ gerade oder ungerade, prim oder in Faktoren zerlegbar, ganz oder gebrochen, rational oder irrational. Mit solchen Fragen wird eine Zahlentheorie, die ∞ mit in ihren Bereich aufnähme, hinfällig.

Natürlich ist auch an unseren Axiomensystemen der Arithmetik sofort zu sehen, daß ∞ nicht in ihren Rahmen hineinpaßt. Aus $a > b$ folgt $a + c > b + c$ (II A, 4 in Nr. 11); das ist, z. B. wie (2) zeigt, für $c = \infty$ nicht erfüllt. Ebenso ist das P e a n o - Axiom I, 2 in Nr. 14, vorausgesetzt überhaupt, daß jemand ∞ als natürliche Zahl anspricht, wegen (1) nicht erfüllt, da ja $\infty + 1 = \infty$ ist.

Nun kann jemand einwenden: In der Mengentheorie wird ja aber doch für die Addition transfiniter Zahlen $n + a = a$ formuliert (Nr. 23 in Kap. 3), d. h. doch aber nichts anderes als die obige Gleichung (1). Dieser Einwand ist hinfällig. Es handelt sich bei den transfiniten Kardinalzahlen immer um solche, die zu Mengen gehören, die e l e m e n t f r e m d sind. So kann man z. B.

in dem uns angehenden Fall nicht für n die Menge der n ersten
natürlichen Zahlen und für a die (abzählbare) Menge aller natürlichen Zahlen setzen. Wohl aber darf man unter Beibehaltung der
Menge $n = \{1, 2, 3, \ldots n\}$ für a die Menge der Zahlen $n + 1$,
$n + 2, \ldots$ setzen; dann sind die beiden addierten Mengen elementfremd und es ist bei dieser Wahl in der Tat $n + a = a$. Übrigens
würde unser obiges Rechenexempel (1), (3), (4) mengentheoretisch
so ablaufen:

$$a + n = a, \quad a^2 + 2na + n^2 = a^2, \quad a + a + n = a, \quad a + a = a.$$

2. Naive Benutzung von Grenzwerten. G r e n z w e r t e pflegt
man ohne nähere Untersuchung bereits in frühen Stufen der Elementarmathematik in naiver Form zu benutzen, etwa in der Geometrie, indem man die Tangente als Grenzlage einer Sekante ansieht, indem man den Satz vom Peripheriewinkel in der Grenzlage
zum Satz vom Sehnentangentenwinkel werden läßt, oder indem
man aus dem Satz vom P a s c a l schen Sehnensechseck Sätze über
Sehnenfünfecke, Sehnenvierecke, Dreiecke gewinnt, oder in der
Arithmetik, indem man rationale Zahlen als unendliche periodische
Brüche schreibt; $\frac{1}{3} = 0{,}333\ldots$ Daß hier doch Vorsicht angebracht
ist, mögen zwei Beispiele zeigen — eines ist uns bereits bekannt:

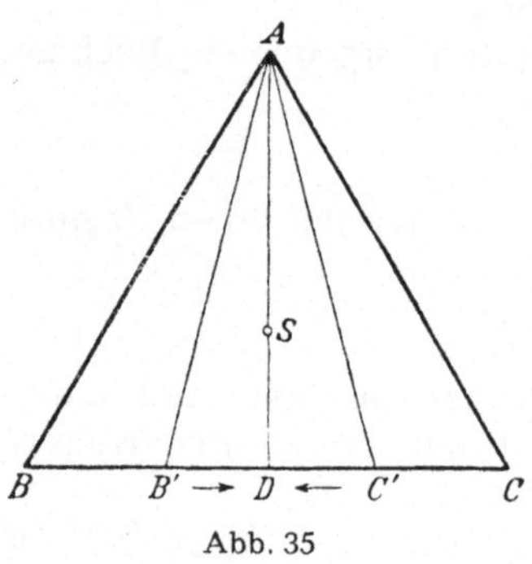

Abb. 35

a) Abb. 35 zeigt ein gleichschenkliges Dreieck; der Punkt S,
der die Höhe (und gleichzeitig Schwerlinie) im Verhältnis $1 : 2$
teilt, ist der Schwerpunkt. Läßt man jetzt die Punkte B und C
beiderseits an den Fußpunkt der Höhe D gleichmäßig heranrücken,
dann bleibt der Schwerpunkt des Dreiecks unverändert in S. Im
Grenzfall wird das Dreieck zur Strecke; deren Schwerpunkt liegt
aber nicht in S.

b) In Abb. 13 hat der Weg auf der Treppenkurve von A nach C
unabhängig von der Stufenanzahl die Länge 2, wenn die Seitenlänge des Quadrates $ABCD$ gleich der Einheit gesetzt wird. Im
Grenzfall, d. h. wenn die Stufenzahl unendlich groß wird, wird die
„H a n k e l sche Treppenkurve" zur Diagonale, die aber nicht die
Länge 2, sondern $\sqrt{2}$ hat.

Zuweilen durchhaut man den Gordischen Knoten, indem man
dort, wo der Grenzbegriff einsetzt, ein plausibel gemachtes, aber

unbewiesenes „Prinzip" setzt; das bekannteste Beispiel ist das Cavalierische Prinzip. Schon den einfachen Satz, daß zwei dreiseitige Pyramiden mit gleicher Grundfläche und gleicher Höhe inhaltsgleich sind, würde man nicht ohne Grenzbetrachtung oder eben durch das die Grenzbestimmung implizite enthaltende Cavalierische Prinzip beweisen können.

Weit verbreitet ist das Verfahren, statt mit Grenzwerten mit Näherungswerten zu rechnen und das erhaltene Ergebnis als Näherungswert für das mit den wahren Grenzwerten erhaltene Ergebnis anzusehen. So pflegt man es z. B. in der Flächenlehre, in der Körperlehre und in der Ähnlichkeitslehre zu tun, wenn inkommensurable Größen auftreten.

Sorgfältiger verfährt man in solchen Fällen, wo man den Grenzwert in zwei beliebig eng zu machende Grenzen einschließt und mit ihnen rechnet, so etwa bei der üblichen, auf Archimedes zurückgehenden Herleitung des Wertes von π, wo der Kreisumfang durch regelmäßige Sehnenvielecke auf der einen, regelmäßige Tangentenvielecke auf der anderen Seite eingegrenzt wird.

Wo man mit den Grenzwerten selbst rechnet, wendet man vielfach die sonst üblichen Rechenoperationen an, ohne sich über ihre Zulässigkeit unterrichtet zu haben. Das einfachste, schon im Rechenunterricht geübte Beispiel ist die Bestimmung des Wertes eines periodischen Dezimalbruches: Um z. B. $x = 0,3333\ldots$ zu bestimmen, bildet man

$$10\,x = 3,333\,333\ldots,$$

subtrahiert $\qquad\qquad x = 0,333\,333\ldots$

und erhält $\qquad\qquad 9\,x = 3; \quad x = \tfrac{1}{3}.$

Das geschieht, ohne daß die Berechtigung für das Rechnen (Multiplizieren, Subtrahieren) mit unendlichen Reihen vorher untersucht worden ist. Beispiele, daß derartige Operationen nicht immer bei unendlichen Reihen erlaubt sind, liefert jede divergente Reihe, z. B. $1 - 1 + 1 - + \ldots$

3. Unendliche Folgen. Von einer unendlichen Folge a_1, a_2, a_3, $\ldots$ von Zahlen kann ich sprechen, wenn ich ein Bildungsgesetz der Zahlen habe, am einfachsten so, daß sich das a_n als ein eindeutiger algebraischer Ausdruck der natürlichen Zahl n darstellt. Doch ist das an sich nicht notwendig; das a_n kann z. B. auch durch eine Rekursionsformel gegeben sein, so also, daß ich es finden kann, wenn ich einige seiner Vorgänger oder alle kenne, oder auf irgendeine andere Weise.

Wir wollen die Zahlen der Folgen zunächst rational voraussetzen. Ich schreibe einige solche Folgen als Beispiele hin:

a) $1, \frac{1}{2}, \frac{1}{4}, \frac{1}{8}, \ldots$ b) $1, -\frac{1}{2}, +\frac{1}{4}, -\frac{1}{8}, \ldots$

c) $1, 1\frac{1}{2}, 1\frac{3}{4}, 1\frac{7}{8}, 1\frac{15}{16}, \ldots$ d) $3, 2\frac{1}{2}, 2\frac{1}{4}, 2\frac{1}{8}, 2\frac{1}{16}, \ldots$

e) $1, 2, 3, 4, 5, \ldots$ f) $7, 6, 5, 4, 3, 2, 1, 0, -1, \ldots$

g) $1, -1, +1, -1, +1, -1, \ldots$ h) $1, -2, +3, -4, +5, \ldots$

i) $1, 1\frac{3}{4}, 1\frac{1}{2}, 1\frac{5}{16}, 1\frac{7}{8}, \ldots$

Man spricht insbesondere von zunehmenden (c, e, i), insbesondere monoton zunehmenden (c, e), abnehmenden, insbesondere monoton abnehmenden (a, d, f) und oszillierenden (b, g, h) Folgen.

Einige der Zahlenfolgen haben, wie man sofort sieht, einen Grenzwert, d. h. sie nähern sich mit wachsender Gliedzahl beliebig einem Wert, den man in den vorliegenden Fällen sogar gleich angeben kann. Die Folge a) nähert sich dem Wert 0, es ist eine sogenannte N u l l f o l g e ; auch c) und d) haben einen Grenzwert, nämlich beide den gleichen, 2. Auch die nicht monotone Folge i) hat diesen Grenzwert. Die Folge b) zeigt, daß auch Folgen mit alternierendem Vorzeichen einen Grenzwert haben können, es ist eine Nullfolge. Dagegen ist in den Fällen e) und f) ein Grenzwert nicht angebbar, weil im ersten Falle die Glieder über alle Grenzen hinaus steigen, im zweiten fallen. Man sagt auch im Falle e), die Folge nähere sich (oder habe den Grenzwert) ∞, im Falle f) den Grenzwert $- \infty$. Aus einem anderen Grunde ist bei den Folgen g) und h) ein Grenzwert nicht vorhanden, es sind oszillierende Folgen.

Wir müssen nun den bisher nur gefühlsmäßig angewandten Begriff des Grenzwertes genauer fassen. Wir sagen, eine Folge von Zahlen $a_1, a_2, a_3, \ldots$ hat den „Grenzwert" a oder „konvergiert" gegen a, wenn von einer „genügend" hohen Gliedzahl a_n an der Unterschied von a „beliebig" klein wird oder wenn, mit einer anderen Ausdrucksweise, „fast alle" Glieder in einer beliebig angebbaren „Umgebung" von a liegen [1]).

Auch diese Worte „beliebig", „genügend", „fast alle", „Umgebung", müssen wir noch näher festlegen, und zwar, das ist die entscheidende Aufgabe, so, daß wir dabei weiter den Begriff „unendlich" ganz vermeiden. Wir geben eine beliebige reelle Größe δ

---

[1]) Allerdings treten in unserer Ausdrucksweise Begriffe wie „alle", „immer" auf. Aber wir begegnen ihnen schon in der einfachen Tatsache, daß für „alle" Zahlen a und b $a + b = b + a$ ist. Ohne sie ist allgemeine Arithmetik nicht möglich.

vor; sie kann sehr klein, aber, wenn es mir Spaß macht, auch groß sein. Dann soll es i m m e r möglich sein, eine natürliche Zahl n so zu finden, daß für jede natürliche Zahl N größer als n die Differenz von a und a_N (abgesehen vom Vorzeichen) kleiner als δ wird. Es gelten also die Ungleichungen

$$N > n, \quad |a - a_N| < \delta.$$

Das, und nichts anderes, verstehen wir unter dem Ausdruck „für genügend großes n unterscheiden sich die auf a_n folgenden Glieder beliebig wenig von a". Und auch wenn wir sagen, „in der Umgebung von a (die durch die Größe δ festgelegt ist) liegen fast alle Glieder", nämlich alle außer den ersten n, so meinen wir dasselbe.

Es kann gar nicht genug hervorgehoben werden, daß bei dieser genauen Fassung der Begriffe das Unendliche gänzlich vermieden ist, obwohl es nachher in der Schreibweise und auch in der kurzen Ausdrucksweise benutzt wird.

Den geschilderten Tatbestand drücken wir durch das Symbol aus

$$\lim_{n \to \infty} a_n = a.$$

Als allgemeines Beispiel sei zum Schluß die Zahlenfolge

$$1, q, q^2, q^3, \ldots$$

untersucht. Dabei sei q eine positive Zahl.

$\lim\limits_{n \to \infty} q^n$ hat für $q = 1$ den Wert 1, das ist ohne weiteres klar. Um für $q > 1$ den Wert zu überblicken, setzen wir $q = 1 + r$, dann ist nach dem binomischen Lehrsatz

$$q^n = (1 + r)^n = 1 + n\, r^{n-1} + \frac{n\,(n-1)}{1 \cdot 2}\, r^{n-2} + \cdots$$

$$= 1 + n\left(r^{n-1} + \frac{n-1}{1 \cdot 2}\, r^{n-2} + \cdots \right),$$

und wenn man den in der Klammer stehenden positiven Wert mit s bezeichnet,

$$q^n = 1 + n \cdot s.$$

Geht hierin $n \to \infty$, so wird

$$\lim_{n \to \infty} q^n = \infty.$$

Betrachten wir jetzt den Fall $0 < q < 1$, dann kann man $q = \dfrac{1}{1 + r}$ setzen, wo r eine feste positive Zahl ist. Also ist, wenn ich ähnlich wie oben den binomischen Satz heranziehe,

$$q^n = \frac{1}{(1 + r)^n} = \frac{1}{1 + ns} < \frac{1}{n} \cdot \frac{1}{s}.$$

In der Grenze $n \to \infty$ wird zumindest der eine Faktor $\dfrac{1}{n}$ zu Null.
Mithin ist für $0 < q < 1$

$$\lim_{n \to \infty} q^n = 0.$$

Wie die Dinge sich für negatives q gestalten, mag der Leser selbst untersuchen.

4. Das Rechnen mit Grenzwerten. Wie man mit Grenzwerten rechnen kann, wollen wir wenigstens an zwei Beispielen zeigen. Es sei a der Grenzwert einer Folge $a_1, a_2, a_3, \ldots$, ebenso b der Grenzwert der Folge $b_1, b_2, b_3, \ldots$ Dann ist auf Grund unserer Erklärung leicht einzusehen, daß der Grenzwert der Folge $a_1 + b_1, a_2 + b_2, a_3 + b_3, \ldots$ der Wert $a + b$ ist. Wenn nämlich verlangt wird, daß der Unterschied zwischen $a + b$ und fast allen Gliedern der Folge δ ist, dann kann ich jedenfalls für die Folge der a ein genügend großes n_1 finden derart, daß für jedes N_1 größer als n_1 der absolute Wert von $a_{N_1} - a$ unter $\dfrac{\delta}{2}$ bleibt, denn sonst würde ich nicht sagen können, daß die Folge $a_1, a_2, a_3, \ldots$ gegen a konvergiert. Ebenso finde ich bei der Folge der b eine natürliche Zahl n_2 so, daß für jedes N_2 größer als n_2 der absolute Wert von $b_{N_2} - b$ unter $\dfrac{\delta}{2}$ ist. Ist jetzt n die größere der beiden Zahlen n_1 und n_2, dann habe ich die von der Definition der Konvergenz geforderte Zahl gefunden, die mir angibt, daß von dem ihr entsprechenden Gliede an der absolute Wert der Differenz von $(a_n + b_n) - (a + b)$ unter δ bleibt.

Was wir in Worten bewiesen haben, wird durch die Gleichung

$$\lim_{n \to \infty} a_n + \lim_{n \to \infty} b_n = \lim_{n \to \infty} (a_n + b_n)$$

wiedergegeben. Wir zeigten: Der Grenzwert einer Summe ist gleich der Summe der Grenzwerte.

Zeigen wir, daß auch der Grenzwert eines Produktes gleich dem Produkt der Grenzwerte der Faktoren ist, daß also

$$\lim_{n \to \infty} a_n \cdot \lim_{n \to \infty} b_n = \lim_{n \to \infty} (a_n \cdot b_n)$$

ist! Um mit verschiedenen Ausdrucksweisen vertraut zu machen, benutzen wir beim Nachweis eine andere Formulierung als vorher. Es ist

$$a_n \cdot b_n - a \cdot b = (a_n - a) \cdot b_n + (b_n - b) \cdot a.$$

Darin sind $a_n - a$ und $b_n - b$ Nullfolgen, b_n ist, welches Glied der Folge es auch bezeichne, endlich, denn kein Glied der Folge ist unendlich. Also konvergiert auch $(a_n - a) \cdot b_n$ gegen 0. Da auch a endlich ist, konvergiert mit $b_n - b$ auch $(b_n - b) \cdot a$ gegen 0. Also ist $a_n b_n - a b$ eine Nullfolge, d. h. es ist

$$\lim_{n \to \infty} (a_n b_n) = a \cdot b = \lim_{n \to \infty} a_n \cdot \lim_{n \to \infty} b_n.$$

5. Die Irrationalzahl. Wir hatten in Nr. 9 des dritten Kapitels die D e d e k i n d sche Definition der Irrationalzahl kennengelernt. Die Benutzung des Begriffes der unendlichen Folge gestattet uns eine andere Fassung der Definition, die sich enger an die Darstellung der Irrationalzahl durch einen Dezimalbruch anschließen läßt.

Wenn es sich darum handelt, die Zahl $\sqrt{2}$ zu definieren, so kann ich, statt von der Gesamtheit aller rationalen Zahlen und ihrer Einteilung in zwei Klassen ebenso von zwei Folgen ausgehen, nämlich

Folge 1: 1; 1,4; 1,41; usf.

Folge 2: 2; 1,5; 1,42; usf.

Die n-te Zahl der oberen Reihe ist diejenige größte Zahl mit $n - 1$ Ziffern hinter dem Komma, deren Quadrat kleiner als 2 ist; die n-te Zahl der unteren Reihe ist diejenige kleinste Zahl mit $n - 1$ Ziffern hinter dem Komma, deren Quadrat größer als 2 ist. Die Gesamtheit beider Folgen, deren Bildungsgesetz hiernach gegeben ist, definiert einen D e d e k i n d schen Schnitt.

Das, was wir von zwei Folgen solcher Art verlangen, ist einmal, daß die eine monoton zunimmt, die andere monoton abnimmt, daß kein Glied der oberen Folge größer als irgendein Glied der unteren Folge ist, und daß kein Glied der unteren Folge kleiner als ein Glied der oberen Folge ist, und schließlich, daß die Unterschiede entsprechender Glieder der oberen und unteren Folge eine Nullfolge bilden.

Daß die Folge gerade nach der Stellenfolge der Dezimalzahlen fortschreitet, ist an sich nebensächlich; ich erinnere an die Bestimmung der Zahl π nach der Weise von A r c h i m e d e s durch Eingrenzung des Kreises zwischen regelmäßige ein- und umgeschriebene Vielecke.

Wir können hiernach eine reelle Zahl α auch in der Form

$$\alpha = \left\{ \begin{array}{l} a_1, a_2, a_3, a_4, \ldots \\ b_1, b_2, b_3, b_4, \ldots \end{array} \right\}$$

schreiben, worin die Folgen der beiden Zeilen die vorhin angeführten Forderungen erfüllen. Ich sage gleich reelle Zahl, denn daß man auch die rationalen Zahlen so schreiben kann, ist leicht einzusehen.

9*

Mit dieser Form der Einführung der Irrationalzahl hängt eine andere eng zusammen, die durch I n t e r v a l l s c h a c h t e l u n g. Die Intervalle (a_1, b_1), (a_2, b_2), (a_3, b_3), ... sind nämlich so ineinandergeschachtelt, wie das von dem früher erwähnten (Nr. 28 des 2. Kap.) C a n t o r schen Axioms auf der Geraden gefordert wurde.

6. Unendliche Reihen. Eine Summe hat mindestens zwei, kann aber auch mehr als zwei Summanden haben. Durch die Axiome der Addition (Nr. 11 im 3. Kap.) ist alles Erforderliche darüber festgesetzt. Wenn aber die Anzahl der Summanden unendlich wird, dann wird alles hinfällig, angefangen von dem Begriff einer solchen Summe überhaupt. Wir müssen da von neuem aufbauen.

Wir wählen zunächst zwei Fälle, in denen man für die endlichen Teilsummen der unendlichen Reihe einen „geschlossenen" Ausdruck angeben kann.

Für die geometrische Reihe leitet man ab

$$1 + q + q^2 + \cdots + q^{n-1} = \frac{1 - q^n}{1 - q}.$$

Wir wollen uns auf positives q beschränken und setzen

$$0 < q < 1$$

voraus. Dann ist nach Nr. 3

$$\lim_{n \to \infty} q^n = 0,$$

also wird

$$\lim_{n \to \infty} \frac{1 - q^n}{1 - q} = \frac{1}{1 - q}$$

Für die unendliche geometrische Reihe können wir also setzen

$$1 + q + q^2 + \cdots = \frac{1}{1 - q}$$

Das zweite Beispiel bietet insofern gegenüber dem vorangehenden ein schwierigeres Problem, als in ihm nicht nur die Anzahl der Glieder unendlich wird, sondern auch in den einzelnen Gliedern ein Grenzübergang vorzunehmen ist. Es werde vorgelegt die zunächst endliche Reihe

$$s_n = \frac{1^2}{n^3} + \frac{2^2}{n^3} + \frac{3^2}{n^3} + \cdots + \frac{(n-1)^2}{n^3} + \frac{n^2}{n^3}.$$

Nun lehrt eine bekannte Formel

$$1^2 + 2^2 + 3^2 + \cdots + n^2 = \frac{n(n+1)(2n+1)}{6},$$

also ist

$$s_n = \frac{(n+1)(2n+1)}{6n^2}.$$

Da rechts der Grenzwert für $n \to \infty$ existiert und $\frac{1}{3}$ liefert, wird die entsprechende unendliche Reihe

$$s = \frac{1^2}{n^3} + \frac{2^2}{n^3} + \frac{3^2}{n^3} + \cdots = \frac{1}{3}.$$

Wie aber, wenn man nicht, wie in diesen beiden Beispielen, einen geschlossenen Ausdruck für die endlichen Teilsummen zur Hand hat? Dann definiert man genau wie bisher

$$s = \lim_{n \to \infty} s_n.$$

Ausführlich gesagt: Man bildet zu der Reihe

$$a_1 + a_2 + a_3 + \cdots$$

die Folge der Teilsummen

$$s_1 = a_1; \quad s_2 = a_1 + a_2; \quad s_3 = a_1 + a_2 + a_3; \quad \ldots$$

und untersucht, ob sie konvergiert. Ist das der Fall, und konvergiert die unendliche Folge $s_1, s_2, s_3, \ldots$ gegen s, dann heißt s die Summe der unendlichen Reihe.

Es ist ohne weiteres einzusehen, daß sich nicht nur die endlichen Reihen, sondern auch die vorher behandelten unendlichen Reihen mit geschlossen angebbaren Teilsummenausdrücken dieser neuen, erweiterten Summenerklärung unterordnen.

7. Die Veränderliche. Man nennt eine Größe x oder y oder z oder auch n eine V e r ä n d e r l i c h e , V a r i a b l e , wenn sie verschiedene Werte annehmen kann. So ist n eine Variable, wenn sie die natürlichen Zahlen durchlaufen kann. Während also im Verlaufe einer Rechnung sonst eine mit Buchstaben bezeichnete Zahl einen zwar beliebigen, aber doch unveränderlichen Wert annehmen kann, erlaubt man der Veränderlichen, eine Folge von Werten zu durchlaufen. Man pflegt das I n t e r v a l l anzugeben, in dem man der Veränderlichen Bewegungsfreiheit gestattet. Es können etwa im Intervall von 1 bis 100 (sei es mit Einschluß der Grenzen oder mit Ausschluß der Grenzen oder mit Einschluß allein der unteren oder allein der oberen Grenze) die ganzen Zahlen oder aber auch die rationalen Zahlen oder aber die reellen Zahlen durchlaufen werden. Überdies können dazu noch einzelne oder sogar unendlich viele Werte ausfallen. Werden von einer Variablen x in einem Intervalle von a bis b alle reellen Werte durchlaufen, so heißt sie stetig.

Den Begriff des Grenzwertes, den wir bereits für eine Zahlenfolge kennengelernt hatten, dehnt man nun auch auf die Veränderliche aus. Die Veränderliche x nähert sich dem Grenzwert a, geschrieben $x \to a$, soll heißen, sie durchläuft eine Zahlenfolge mit dem Grenzwert a. Dann ist es nach Vorgabe einer (noch so kleinen) Größe h immer möglich, x so zu wählen, daß $|x - a| < h$ ist oder auch daß $a - h < x < a + h$ ist. Zuweilen wird auch festgesetzt, daß der Grenzwert nur von einer Seite erreicht werden soll.

Hat a insbesondere den Wert 0, nähert sich also die Veränderliche beliebig 0, dann sagt man dafür auch manchmal, x „wird unendlich klein" (geschrieben $x \to 0$). Es ist aber zu beachten, daß das nur eine kurze Ausdrucksweise für einen Sachverhalt ist, zu dessen Kennzeichnung der Begriff des Unendlichen gar nicht nötig ist. Wesentlich ist insbesondere, daß mit „unendlich klein" nicht etwa irgendeine (konstante) Zahl bezeichnet wird; es handelt sich nur um eine Eigenschaft einer Veränderlichen. Es bedeutet $x \to 0$ also etwas wesentlich anderes als $x = 0$.

Kann die Veränderliche jeden angebbaren Wert überschreiten, so sagt man dafür auch, x „wird unendlich groß", genauer „positiv unendlich groß"; man bezeichnet diesen Vorgang mit $x \to \infty$. Kann die Veränderliche jeden angebbaren Wert unterschreiten, so sagt man dafür, x wird „negativ unendlich groß", $x \to -\infty$. Kann die Variable x das Intervall $-\infty < x < +\infty$ durchlaufen, so nennt man sie u n b e s c h r ä n k t. Auch der Begriff „unendlich groß" ist also nur eine Ausdrucksweise für einen sich durchaus im Endlichen abspielenden, eine V e r ä n d e r l i c h e angehenden Sachverhalt. Wir hatten schon früher vor der Annahme gewarnt, daß Symbol ∞ bezeichne eine reelle Zahl.

8. Die Funktion. Es sei eine in einem Intervall von a bis b gegebene Variable x vorgelegt und einigen oder allen reellen Werten dieser Variablen seien durch irgendeine Vorschrift eindeutig reelle Werte zugeordnet, die ich mit y bezeichne. Es entspreche also einem Werte x_1 des Intervalles der Wert y_1, einem Werte x_2 der Wert y_2 usf. Dann heißt y eine Funktion von x; man schreibt sie auch $f(x)$, $\varphi(x)$, $t(x)$ od. dgl. Man nennt y die abhängige Variable, x die unabhängige Variable. Wir wollen einige Beispiele von Funktionen kennenlernen:

a) x durchläuft alle positiven ganzen Zahlen; das Intervall ist also $0 < x < \infty$. $y = t(x)$ soll die Anzahl der Teiler von x sein, den Teiler 1 nicht mitgerechnet. Es ist z. B. $t(1) = 0$, $t(6) = 3$. Hiernach wird auch y stets ganzzahlig. $t(\frac{1}{2})$ oder dergleichen existiert nicht. Man nennt derartige Funktionen, die nur für ganzzahlige Werte definiert sind, zuweilen zahlentheoretische Funktionen. Dahin gehören z. B. $f(x) = x!$, $f(x) = \binom{n}{x}$ usf.

b) Man definiert bekanntlich $a^{\frac{m}{n}} = \sqrt[n]{a^m}$ für positives a, ganzzahliges m und positiv ganzzahliges n. Die Wurzel bezeichnet nur den (positiven) „Hauptwert" und ist also eindeutig bestimmt. x durchläuft alle rationalen Zahlen, das Intervall ist also $-\infty < x < +\infty$. Dann führen wir die Funktion $y = a^x$ ein; sie existiert für rationales x. Für irrationales x ist die Funktion nicht definiert.

c) $y = x$, wo x alle reellen Werte durchläuft. Die unabhängige Veränderliche x ist also stetig.

d) $y = \dfrac{1}{x}$. Da die Division durch 0 verboten ist, ist die Funktion für alle reellen x definiert mit einziger Ausnahme des Wertes $x = 0$.

e) $y = \dfrac{x}{x}$. Hier gilt das gleiche wie bei d), die Funktion ist für $x = 0$ nicht definiert. Für alle anderen Werte der Unabhängigen existiert sie und hat den Wert 1.

f) $y = \operatorname{tg} x$, wobei

α) die Definition des Tangens im rechtwinkligen Dreieck zugrunde gelegt wird und x im Bogenmaß gemessen wird; die Funktion ist dann für $0 < x < \dfrac{\pi}{2}$ mit Ausschluß der Grenzen definiert.

β) Die Funktion ist am Einheitskreis oder als Quotient der allgemein (also gleichfalls am Einheitskreis) definierten Funktionen $\sin x$ und $\cos x$ definiert. Für die Werte $x = (2n+1)\dfrac{\pi}{2}$, wo n eine ganze Zahl ist, existiert die Funktion nicht, sonst ist die unabhängige Veränderliche unbeschränkt.

g) $y = \dfrac{\sin x}{x}$, wobei der Sinus für jedes x definiert sei; die Funktion ist dann für jedes x, doch mit Ausschluß des Wertes $x = 0$ definiert.

h) Die Funktion y nehme

α) für alle ganzzahligen x den Wert 1, für alle anderen reellen x den Wert 2 an:

β) sie nehme für alle positiven, von 0 verschiedenen reellen Werte von x den Wert $+1$, für alle negativen den Wert -1 an. Sie ist danach für $x = 0$ gar nicht definiert.

Wir haben davon abgesehen, besonders umständlich definierte Funktionen anzuführen, wie man sie besonders so gewinnen kann, daß man schon in den Funktionsdefinitionen Grenzwerte einführt. Wir haben uns vielmehr auf solche Funktionen beschränkt, mit denen wir es auch in der elementaren Analysis häufiger zu tun haben.

Eine unserer Forderungen, die wir bei der Definition der Funktion stellten, war die Eindeutigkeit. In dieser Hinsicht begegnen wir Schwierigkeiten bei den impliziten Funktionen und bei den Umkehrfunktionen. Wenn

i) die Funktion y durch die Funktionalgleichung $y^2 = x$ oder auch

k) durch $x^2 + y^2 = r^2$ gegeben ist, dann erhalten wir zunächst z w e i Funktionen als Lösung, nämlich im Falle i) $y = + \sqrt{x}$ und $y = - \sqrt{x}$, im Falle k) $y = + \sqrt{r^2 - x^2}$ und $y = - \sqrt{r^2 - x^2}$.

Die erste, i), ist natürlich nur für positives x mit Einschluß der Null definiert, die zweite, k) für ein Argument x zwischen $+ r$ und $- r$ mit Einschluß der Grenzen. Wenn wir auch für viele Zwecke beide Funktionen zusammenfassen können, so ist es doch z. B. bei der Bestimmung des Differentialquotienten oder des bestimmten Integrals notwendig, beide Funktionen auseinanderzuhalten.

In den folgenden Beispielen ist die eindeutige Festsetzung des Wurzelsymbols zu beachten:

l) Die Funktion $y = \sqrt{x^2}$ ist für positive und negative Werte der Unabhängigen positiv; die graphische Darstellung zeigt den Unterschied zwischen dieser Funktion und c).

m) Die Funktion $y = \frac{1}{x} \cdot \sqrt{x^2}$ ist für alle x mit Ausnahme von $x = 0$ definiert und erweist sich identisch mit der in h) β) definierten Funktion.

n) Die Funktion $y = x\sqrt{x - 1}$ liefert für $x = 0$ den Wert $y = 0$. Dieser Punkt ist von dem für $x \geqq 1$ sich ergebenden Zweig isoliert.

o) Die Funktion $y = \sqrt{2x - (x^2 + 2)}$ existiert überhaupt für keinen Wert von x, da der Radikand $- x^2 + 2x - 2 = - (x - 1)^2 - 1$ immer negativ ist.

p) Festsetzungen für die Eindeutigkeit sind auch bei den zunächst mehrdeutigen oder gar „unendlichvieldeutigen" Funktionen wie etwa $y = \text{arc tg } x$, der Umkehrfunktion von $y = \text{tg } x$, zu machen.

9. Grenzwerte von Funktionen. Wir erhalten im allgemeinen den Wert, den eine Funktion $f(x)$ für $x = a$ annimmt, indem wir für x den Wert a einsetzen, also $f(a)$. Das setzt voraus, daß entweder ein arithmetischer Ausdruck für $f(x)$ gegeben ist, der für $x = a$ einen Wert liefert, oder aber, daß doch irgendwie sonst aus der Definition, wie im Falle a) oder h) von Abschnitt 8, unmittelbar der Wert folgt. So komme ich im Falle der Funktion c) bei allen reellen Werten von a zum Ziel, ebenso bei allen rationalen ganzen Funktionen, aber auch bei anderen Funktionen, z. B. im Falle h) α) und auch im Falle l) und p).

Bei anderen Funktionen unserer Reihe gibt es gewisse Ausnahmen: In den Fällen der Funktionen d), e), h) β) und m) ist ein Wert von x im sonst unbeschränkten Intervall ausgeschlossen, nämlich $x = 0$. Im Falle f) α) sind z w e i Werte ausgeschlossen, nämlich die beiden Grenzen 0 und $\frac{\pi}{2}$ des Intervalls. U n e n d l i c h viele, aber diskret liegende Werte von x sind bei der Funktion f) β) ausgeschlossen. Bei der Funktion b) ist die Definition nur für rationale, bei der Funktion a) nur für ganzzahlige, bei i) nur für nicht negative, bei k) nur im Intervall $-r \leq x \leq +r$ gelegene Werte von x gegeben. Bei n) gibt es nur für $x = 0$ und $x \geq 1$ Werte, bei o) gar keine.

Man kann, wenn die Funktion für $x = a$ nicht definiert ist, manchmal statt $f(a)$ selbst den Grenzwert von $f(x)$ für $x \to a$, geschrieben $\lim_{x \to a} f(x)$, bestimmen, indem man den früher erörterten Begriff des Grenzwertes heranzieht, also den Grenzwert der Folge der y bilden, die man erhält, wenn man in $f(x)$ eine Folge der x mit dem Grenzwert a einsetzt. Daß das nicht in a l l e n Fällen möglich ist, zeigt etwa Fall a) für die Grenze $x \to \frac{1}{2}$ oder i) für die Grenze $x \to -7$ oder k) für die Grenze $x \to 2\,r$. Man muß also ausdrücklich fordern, daß die Folge der y einen Grenzwert hat, und zwar bei allen verschiedenen Folgen der x, wenn sie nur alle den Grenzwert a haben, den gleichen.

Man kann die Forderung auch in die folgende Form kleiden: Bei beliebig vorgegebenem δ kann ein h so gefunden werden, daß $|f(x) - f(a)| < \delta$ ist, wenn $|x - a| < h$ ist.

Wir betrachten zunächst den Fall e), also die Funktion $y = \frac{x}{x}$. Sie unterscheidet sich von der Funktion $y = 1$ nur dadurch, daß diese für a l l e Werte von x definiert ist und da den Wert 1 annimmt, während $y = \frac{x}{x}$ einzig für $x = 0$ nicht definiert ist und sonst auch immer den Wert 1 annimmt. Nun hat man bei der Definition des Grenzwertes eine Folge von Werten herauszugreifen, die alle in der Umgebung des Grenzwertes liegen, ohne mit dem Grenzwert selbst übereinzustimmen. Daraus folgt, daß $\lim\limits_{x \to 0} \dfrac{x}{x}$ und $\lim\limits_{x \to 0} 1$ sich in nichts unterscheiden können, da ja der einzige Wert, in dem ein Unterschied besteht, in die Bestimmung des Grenzwertes gar nicht eingeht. Ich kann auch so sagen: Da ja das x in keinem Gliede der bei der Auswertung des Grenzwertes auftretenden Folge 0 ist, vielmehr immer $x \neq 0$ ist, kann ich in jedem Gliede durch Kürzen $\dfrac{x}{x} = 1$ finden. Also ist $\lim\limits_{x \to 0} \dfrac{x}{x} = \lim\limits_{x \to 0} 1$ und also selbst 1.

In Fällen wie dem vorliegenden spricht man von **w e g h e b - b a r e n   U n s t e t i g k e i t e n**. Sie spielen, wie wir gleich noch sehen werden, bei der Einführung der Differentialrechnung eine große Rolle.

Wir wenden uns einem zweiten Falle zu; die in f) α) genannte Funktion $y = \operatorname{tg} x$ ist zwar für jedes positive x in der Umgebung von $x = 0$ definiert, da es aber kein rechtwinkliges Dreieck mit dem Winkel $x = 0$ gibt, nicht für $x = 0$. Es steht uns also an sich gänzlich frei, $\operatorname{tg} 0$ zu definieren, wie wir wollen, wenn wir überhaupt die Absicht haben, es zu tun. Nehmen wir an, der Mathematiker A will $\operatorname{tg} 0$ den Wert 100 geben, der Mathematiker B dagegen will die Funktion überhaupt für $x = 0$ undefiniert lassen. Der Mathematiker C schließlich erklärt sich für die übliche Festsetzung $\operatorname{tg} 0 = 0$. Trotz dieser Verschiedenheit der Meinungen werden sie doch in einem alle übereinstimmen müssen, daß nämlich $\lim\limits_{x \to 0} \operatorname{tg} x = 0$ ist. Wenn ich nämlich irgendeine, der Definition entsprechend von der positiven Seite an 0 beliebig nahe herankommende unendliche Folge von Werten der Veränderlichen herausgreife, so werden „fast alle" Werte der Funktion $\operatorname{tg} x$ in einer vorschreibbaren Umgebung von 0 liegen, d. h. es ist $\lim\limits_{x \to 0} \operatorname{tg} x = 0$. Der Mathematiker C hat also vor seinen Gefährten A und B mit seiner Festsetzung, die freilich über die ursprüngliche Definition hinausgeht, gewisse Vorteile voraus. Deshalb folgt man ihm und nicht A und B.

Im Falle b) der Funktion $y = a^x$ ist die Definition nur für rationales x gegeben. Man wird hier die Definition auch für irgendein irrationales $x = m$ geben, indem man festsetzt:

$$a^{\lim\limits_{x \to m} x} = \lim\limits_{x \to m} a^x.$$

Wer die Logarithmen durch Umkehrung der Potenzierung gewinnt, wird nicht umhin können, zu einer solchen Definition seine
Zuflucht zu nehmen, da sich ja die Mehrzahl der Logarithmen,
mit denen er operiert, als irrational erweist. Auch hier kann man
von weghebbaren Unstetigkeiten sprechen.

Hat man einmal so a^n für alle von 0 verschiedenen n und bei
negativen n für positives a definiert, dann erweist sich die Definition $a^0 = \lim\limits_{n \to 0} a^n = 1$ als tatsächlich zweckmäßig.

Hierhin gehört schließlich auch der Fall g): Man pflegt die für
$x \neq 0$ geltenden Ungleichungen

$$\cos x < \frac{x}{\sin x} < \frac{1}{\cos x}$$

abzuleiten und aus der Tatsache, daß obere und untere Schranke für
$x \to 0$ den gleichen Wert 1 haben, zu schließen, daß auch der Grenzwert der zwischen beiden liegenden Funktion $\dfrac{x}{\sin x}$ den Wert 1 hat.
In der Tat ergibt sich bei irgendeiner unendlichen Folge der x
mit der Häufungsstelle 0 (man wählt am besten eine Folge positiver Werte von x) sowohl für die obere Grenze wie für die untere
Grenze eine Folge von Werten, die „fast alle" in der Umgebung
von 1 liegen, und deshalb liegen auch alle Werte einer entsprechenden Folge von Werten der Funktion $\dfrac{x}{\sin x}$ in der Umgebung von 1, d. h. aber, der Grenzwert dieser Funktion ist 1.
Mit

$$\lim\limits_{x \to 0} \frac{x}{\sin x} = 1$$

ist dann überdies auch

$$\lim\limits_{x \to 0} \frac{\sin x}{x} = 1.$$

Im Falle der „zahlentheoretischen" Funktion a) werden wir
von einer Festsetzung der Funktionswerte für andere als positive
ganzzahlige x absehen, nicht nur, weil eine Grenzwertbetrachtung
uns hier nicht zum Ziele führen kann, sondern auch weil uns die
Funktion für andere als ganzzahlige Werte gar nicht interessiert.

Dagegen hat von den Fällen, in denen ein Grenzwert der
Funktion nicht existiert, doch einer eine gewisse Bedeutung für
uns. Wir wollen ihn an den Funktionen d) und f) α) kennenlernen.

Für $x = 0$ existiert die Funktion $y = \dfrac{1}{x}$ nicht. Der Wert der
Funktion wächst mit der Annäherung der Variabeln x an 0 über
alles Maß hinaus, wie man etwa sieht, wenn man nacheinander
der Veränderlichen die Werte $\frac{1}{10}$, $\frac{1}{100}$, $\frac{1}{1000}$ usf. gibt; auch er existiert also nicht. Wir können aber dem Tatsachenbefund in An-

lehnung an das bei der Veränderlichen (Nr. 6) Gesagte dahin Ausdruck geben, daß wir sagen, die Funktion wird für $x \to 0$ unendlich und schreiben

$$\lim_{x \to 0} \frac{1}{x} = \infty.$$

Auf gleiche Weise kommen wir bei der Funktion f) α) zu dem Ergebnis

$$\lim_{x \to \frac{\pi}{2}} \operatorname{tg} x = \infty.$$

Wir hatten im Falle der Funktion f) α) den Tangens als im rechtwinkligen Dreieck definiert angesehen. Setzt man an die Stelle dieser besonderen die allgemeine, für einen unbeschränkten Bereich von x gültige Definition am Einheitskreis f) β) oder aber auch die Definition als Quotient von sin x und cos x, dann fallen neben $\frac{\pi}{2}$ auch $\frac{3\pi}{2}$, $\frac{5\pi}{2}$ usf., $-\frac{\pi}{2}$, $-\frac{3\pi}{2}$ usf. aus. Wir treffen aber hier auf eine andere Merkwürdigkeit. Wenn wir uns $\frac{\pi}{2}$ von der linken Seite her nähern, dann treffen wir auf den Grenzwert $+\infty$. Nähern wir uns ihm aber von der rechten Seite, dann sinkt der Wert der Funktion über alles Maß hinunter, wir haben also in Anlehnung an unsere frühere Schreibweise als Grenzwert $-\infty$ anzugeben. Es ist hier also für den Grenzwert entscheidend, von welcher Seite ich an ihn herankomme.

Einen gleichen Fall treffen wir, ohne die Erschwerung, die das Eingreifen des Unendlichen bedingt, bei der in h) β) und in m) definierten Funktion. Sie hat in $x = 0$ keinen Wert, jedoch existiert der Grenzwert für $x \to 0$, wenn man von links kommt, und hat den Wert -1, und er existiert gleichfalls, wenn man von rechts herankommt, und hat den Wert $+1$.

Schließlich noch ein Beispiel als Beleg für die möglichen Sonderbarkeiten; es handele sich um die Funktion

$$y = \lim_{n \to \infty} \frac{x^n f(x) + g(x)}{x^n + 1}.$$

Für $x \geqq 0$ hat diese Funktion im Intervall $0 < x < 1$ den Wert $g(x)$, im Intervall $1 < x < \infty$ den Wert $f(x)$, für $x = 1$ aber den Wert $\frac{f(1) + g(1)}{2}$, ist also dort unstetig. Welchen Wert hat $\lim_{x \to 1} y$?

10. Stetigkeit. Eine Funktion ist für den Wert $x = a$ stetig, wenn $\lim_{x \to a} f(x) = f(a)$ ist. Diese Gleichung besagt dreierlei:

1. muß $\lim_{x \to a} f(x)$ vorhanden, und zwar eindeutig bestimmt sein,

2. muß $f(a)$ vorhanden sein, und 3. beide Werte müssen gleich sein.

Was hier von den Funktionen gefordert wird, ist natürlich keineswegs immer erfüllt. So kann eine Funktion für einen Wert, für den sie gar nicht definiert ist, nicht stetig sein. Das ist — wenn wir wieder auf unsere Beispiele zurückgreifen — in a), wo von Stetigkeit überhaupt keine Rede, nicht der Fall, aber auch nicht in b). Dagegen ist z. B. die Funktion c) $y = x$ in ihrem ganzen Verlaufe stetig. Die Funktionen $y = \dfrac{x}{x}$, $y = \operatorname{tg} x$ im Falle der Definition α, $y = \dfrac{\sin x}{x}$ sind für den Wert $x = 0$ nicht stetig, da sie für diesen Wert gar nicht definiert sind. Gleiches gilt für $y = \dfrac{1}{x}$, wobei obendrein auch $\lim\limits_{x \to 0} \dfrac{1}{x}$ nicht existiert, was bei den vorher genannten Beispielen durchaus der Fall war.

In denjenigen Fällen, wo zwar $f(a)$ nicht existiert, wohl aber $\lim\limits_{x \to a} f(x)$ eindeutig existiert, spricht man, wie wir schon sagten, von einer weghebbaren Unstetigkeit. Solche weghebbaren Unstetigkeiten haben also z. B. die oben genannten Funktionen $y = \dfrac{x}{x}$, $y = \operatorname{tg} x$, ebenso $y = \sin x$, $y = \cos x$, $y = \dfrac{\sin x}{x}$ im Punkte $x = 0$, oder auch $y = \sin x$, $y = \cos x$ im Punkte $x = \dfrac{\pi}{2}$. Man legt nämlich der Funktion in dem Punkte, wo sie selbst nicht definiert ist, den Wert bei, den der Grenzwert hat, dann ist die Stetigkeit erreicht, und alles ist in Ordnung. Ebenso kann man, auch wenn unendlich viele weghebbare Unstetigkeiten vorliegen, wie z. B. im Falle b), verfahren.

Nicht immer aber sind die Unstetigkeiten auf diese Weise zu beseitigen, z. B. wenn wie im Falle h) α) die Funktion einen die Stetigkeit störenden Wert durch Definition hat oder wenn, wie im Falle h) β), die Funktion an der Stelle $x = 0$ zwar keinen störenden Wert durch Definition hat, wenn aber doch der Grenzwert nicht eindeutig ist, vielmehr von rechts und links her verschieden ausfällt. Schließlich gehören hierher die rationalen gebrochenen Funktionen mit ihren Unendlichkeitsstellen, am einfachsten $y = \dfrac{1}{x}$ an der Stelle $x = 0$; auch an transzendente Funktionen wie etwa $y = \operatorname{tg} x$ für $x = \dfrac{\pi}{2}$ usf. ist zu erinnern.

11. Differenzierbarkeit. Bei der Einführung des Differentialquotienten geht man vom Differenzenquotienten aus und untersucht dessen Grenzwert. Formen, in denen der Differenzenquotient auftritt, sind

$$\frac{\Delta y}{\Delta x} = \frac{y_2 - y_1}{x_2 - x_1} = \frac{f(x_2) - f(x_1)}{x_2 - x_1} = \frac{f(x + h) - f(x)}{h}.$$

Der Grenzwert ist im ersten Symbol für $\Delta x \to 0$, im zweiten und dritten für $x_1 \to x_2$, im vierten für $h \to 0$ zu nehmen. Wir wollen uns im folgenden an die letzte Schreibweise halten; h kann, das sei besonders hervorgehoben, positiv und negativ sein.

In der Differentialrechnung wird dieser Grenzwert

$$\lim_{h \to 0} \frac{f(x + h) - f(x)}{h} = f'(x)$$

für die zu untersuchenden Funktionen im einzelnen bestimmt.

Wir wollen hier das Grundsätzliche an einer ganz einfachen Funktion kennenlernen, nämlich an $y = x^2$. Wir bilden den Differenzenquotienten

$$\frac{(x + h)^2 - x^2}{h} = \frac{x^2 + 2xh + h^2 - x^2}{h} = \frac{2xh + h^2}{h}.$$

Wir dürfen nun nicht einfach so verfahren: Wir kürzen den Quotienten durch h, erhalten $2x + h$ und setzen nachher, um den Grenzwert zu bekommen, $h = 0$. Denn das Kürzen mit h ist ja an die Bedingung $h \neq 0$ gebunden; also können wir doch nicht nachher ausgerechnet $h = 0$ setzen. Vielmehr liegt der gleiche Fall wie bei der seinerzeit näher untersuchten Funktion $y = \dfrac{x}{x}$ an der Stelle $x = 0$ vor: die Funktion $y_1 = \dfrac{2xh + h^2}{h}$ und die Funktion $y_2 = 2x + h$, in denen wir für den Augenblick x fest lassen, hingegen h veränderlich nehmen, stimmen für alle Werte von h mit einziger Ausnahme des Wertes $h = 0$ überein. Wir sehen das auch sehr deutlich, wenn wir y_1 in die Form $y_1 = \dfrac{h}{h}(2x + h)$ bringen. Für $h = 0$ ist die eine Funktion nicht definiert, die zweite hat den Wert $2x$. Der G r e n z w e r t beider Funktionen für $h \to 0$ aber ist wegen der Übereinstimmung in allen Werten in der U m g e b u n g von $h = 0$ derselbe. Somit ist

$$\lim_{h \to 0} \frac{(x + h)^2 - x^2}{h} = 2x.$$

Wir stellen zunächst fest, daß eine Funktion, die differenzierbar ist, stetig sein muß. Angenommen nämlich, $f(x)$ ist differenzierbar, dann hat

$$\frac{f(x + h) - f(x)}{h} = g(x, h)$$

für $h \to 0$ einen bestimmten Grenzwert, mithin hat auch

$$f(x + h) - f(x) = h \cdot g(x, h)$$

für $h \to 0$ einen bestimmten Grenzwert, nämlich 0; d. h. aber, $f(x)$ ist stetig.

Es wäre nun aber verfehlt, anzunehmen, daß umgekehrt auch jede stetige Funktion differenzierbar ist. Den Irrtum einzusehen, genügt ein Gegenbeispiel.

Wir stellen zunächst fest, daß $\sin \dfrac{1}{x}$ für $x = 0$ nicht existiert,

daß aber auch $\lim\limits_{x \to 0} \sin \dfrac{1}{x}$ nicht existiert, da der Sinus mit wachsen-

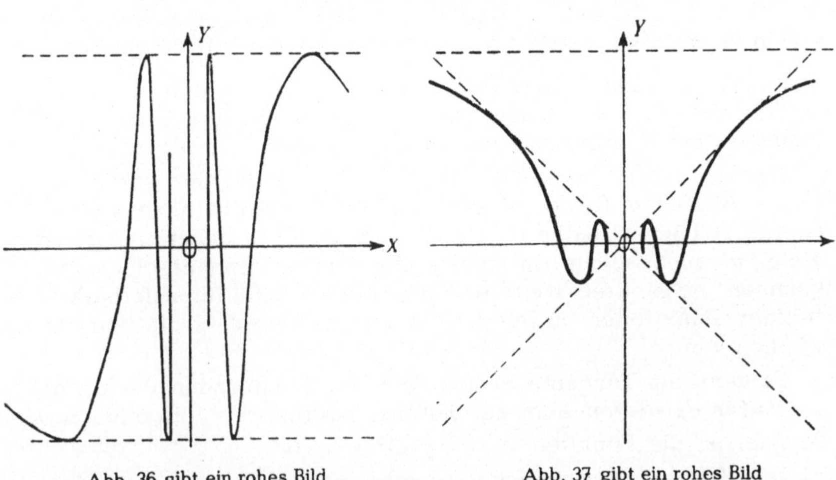

Abb. 36 gibt ein rohes Bild
vom Verlauf der Funktion

$$y = \sin \frac{1}{x}$$

Abb. 37 gibt ein rohes Bild
vom Verlauf der Funktion

$$y = x \cdot \sin \frac{1}{x}$$

dem Argument keinem festen Wert zustrebt, sondern dauernd zwischen $+1$ und -1 schwankt (Abb. 36). Auch $x \sin \dfrac{1}{x}$ existiert für

$x = 0$ nicht, wohl aber existiert $\lim\limits_{x \to 0} x \cdot \sin \dfrac{1}{x}$ und hat den Wert 0.

Wird nämlich verlangt, $x \cdot \sin \dfrac{1}{x} < \delta$ zu machen, so brauche ich

nur $x < \delta$ zu machen, da für jedes x gilt $\sin \dfrac{1}{x} \leq 1$. Gebe ich

jetzt der Funktion $x \cdot \sin \dfrac{1}{x}$, da $\lim\limits_{x \to 0} x \cdot \sin \dfrac{1}{x} = 0$ ist, für $x = 0$

den Wert 0, dann ist $x \cdot \sin \dfrac{1}{x}$ auch für $x = 0$ stetig (Abb. 37).

Jetzt können wir unser Gegenbeispiel übersehen: Es ist die in $x = 0$ stetige Funktion $y = x \cdot \sin \dfrac{1}{x}$ mit der eben gemachten Festsetzung für die Stelle $x = 0$. Der Differenzenquotient wird hier allgemein

$$\frac{f(x + h) - f(x)}{h} = \frac{(x + h) \cdot \sin \dfrac{1}{x + h} - x \cdot \sin \dfrac{1}{x}}{h}$$

und an der Stelle $x = 0$

$$\left(\frac{f(x + h) - f(x)}{h} \right)_0 = \frac{h \cdot \sin \dfrac{1}{h}}{h} = \sin \frac{1}{h} \, ,$$

und hier erhalten wir für $h \to 0$ keinen Grenzwert, da $\lim\limits_{h \to 0} \sin \dfrac{1}{h}$ nicht existiert. Damit ist gezeigt, daß auch der Differentialquotient nicht existiert. Wir haben also gefunden: Stetige Funktionen brauchen nicht differenzierbar zu sein.

Neben diesem Falle der „Tangentenlosigkeit" der zur Funktion gehörenden Kurve in einem Punkte (es gibt auch stetige, allerdings höchst „pathologische" Funktionen, in denen unendlich viele, ja auch solche, in denen alle Punkte tangentenlos sind) kommen noch drei weitere Fälle der Nichtdifferenzierbarkeit stetiger Funktionen in einem Punkte in Betracht, die wir erwähnen wollen:

Es kann die Tangente in dem in Frage kommenden Punkte an die Kurve existieren, aber zur y-Achse parallel sein; ein einfaches Beispiel ist die Funktion $y = \sqrt{x}$ für $x = 0$.

Die Kurve hat eine Ecke; es gibt in dem Punkte zwei Tangenten an die Kurve, etwa je eine nach rechts und nach links. Versteht man unter $|a|$ den absoluten Wert von a, so ist $y = |x|$ an der Stelle $x = 0$ die einfachste Funktion dieser Art.

Fallen die bei Annäherung an den Punkt von rechts und von links her sich ergebenden Tangenten zusammen, so erhält man eine Spitze. Beispiel die N e i l sche Parabel $y = x^{\frac{2}{3}}$ im Nullpunkt. Hier ist die Tangente obendrein die y-Achse.

12. Differentiale. Unsere bisherigen Ausführungen über die Grundlegung der Analysis haben gezeigt, daß man ohne die Begriffe „unendlich groß" und „unendlich klein" auskommen kann; wo man diese Ausdrücke dennoch benutzt, erweisen sie sich als eine sprachliche Fassung für einen an sich umständlicheren Tatbestand, der aber nur des Begriffes der endlichen Zahl bedarf.

Der Differentialquotient $\dfrac{d\,y}{d\,x}$ war für uns lediglich der Grenzwert des Differenzenquotienten $\dfrac{\Delta y}{\Delta x}$. Er entsteht nicht etwa dadurch, daß der Zähler Δy des Differenzenquotienten für sich und ebenso der Nenner Δx für sich „unendlich klein" wird. $\dfrac{d\,y}{d\,x}$ bedeutet zunächst nur ein als Ganzes aufzufassendes Symbol, nicht den Quotienten zweier „unendlich kleiner" Größen d y und d x.

Mißverständnisse in der Auffassung der Grundlagen der Differentialrechnung sind nun besonders dadurch entstanden, daß man, nachdem der Differentialquotient oder, wie man hier vielleicht besser sagt, die Ableitung der Funktion, erklärt worden ist, die für gewisse Zwecke sehr brauchbaren D i f f e r e n t i a l e eingeführt hat. Es sei d x eine endliche Größe, dann setzt man d y $=$ f$'$ (x) d x, wo f$'$ (x) die Ableitung der Funktion ist. Auch d y ist hiernach natürlich eine endliche Größe. Wenn man sich auch im

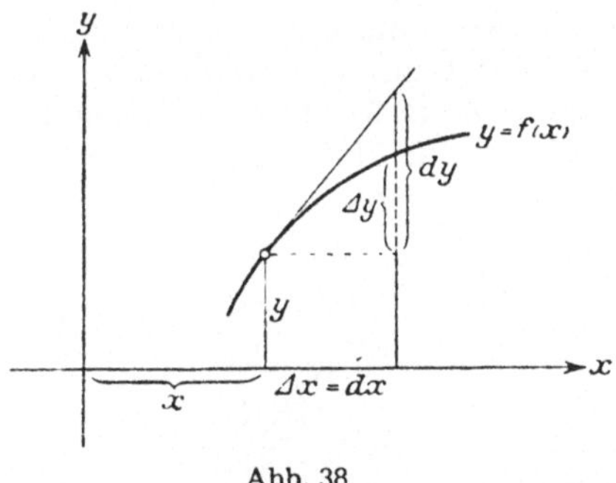

Abb. 38

allgemeinen besonders auf kleine Werte von d x beziehen wird, so kann an sich d x auch groß gewählt werden (eigentlich sagt ja in der Arithmetik „groß" und „klein" nichts Besonderes). Immer wird sich dann dazu ein d y bestimmen lassen.

Man übersieht, daß das d x nichts anderes als unser früher benutztes Δ x ist. Aber d y und Δ y stimmen n i c h t überein. Abb. 38 legt den Unterschied geometrisch dar: Wenn man an die Kurve mit der Funktionsgleichung y $=$ f (x) im Punkte mit der Ordinate x die Tangente legt und nun von diesem Punkte um d x fortschreitet, dann ist der auf der K u r v e gemessene Zuwachs der Ordinate Δ y, während d y den auf der T a n g e n t e gemessenen Zuwachs bedeutet.

Unsere Darstellung zeigt, Differentiale sind keineswegs „unendlich kleine" Zahlen oder, wie manche auch gesagt haben, „relative Nullen" od. dgl. Absonderlichkeiten, sondern wohldefinierte endliche Größen. Das aber muß man unterstreichen: Man hat e r s t die Ableitung der Funktion oder den Differentialquotienten als Grenzwert einzuführen; erst dann ist es möglich, mit dessen Hilfe die Differentiale zu definieren, nicht, wie es vielfach fälschlich geschieht, umgekehrt.

13. Flächeninhalt und Integral. Um den Flächeninhalt des Kreises zu bestimmen, kann man bekanntlich so vorgehen: Einem wie Abb. 39 orientierten Kreisquadranten beschreibt man eine Folge von Rechtecken gleicher Breite Δx so ein, daß die Rechtecksecken rechts oben auf dem Kreise liegen, und gleichzeitig eine Folge von Rechtecken der gleichen Breite so um, daß die Ecken der Rechtecke links oben auf dem Kreise liegen. Den Inhalt beider Rechteckstaffeln kann man berechnen, indem man nach dem pythagoreischen Lehrsatz ihre Höhen bestimmt. Entsprechende ein- und umbeschriebene Rechtecke differieren jeweils um ein kleines Rechteck. Alle diese Differenzrechtecke lassen sich zu einer Säule zusammenfügen, einem Rechteck von der Breite Δx und der Höhe gleich dem Halbmesser des Kreisradius r.

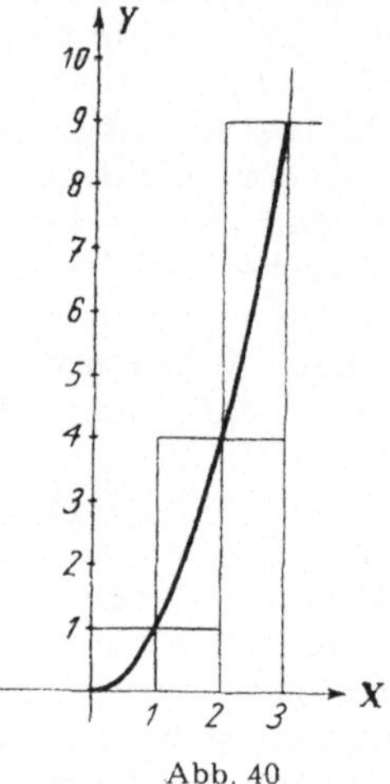

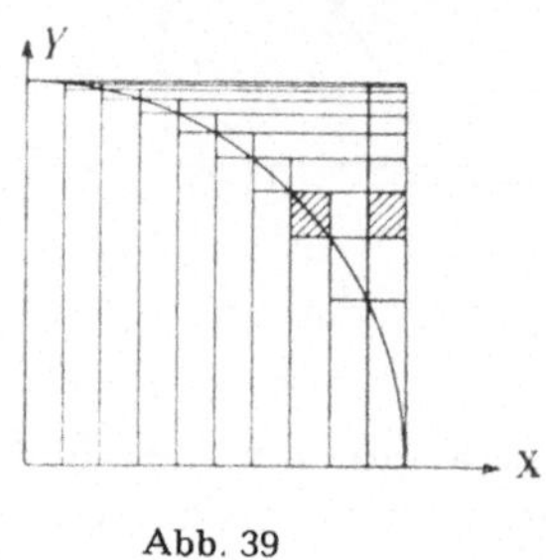

Abb. 39   Abb. 40

Die Fläche F_e der dem Kreisquadranten einbeschriebenen Rechteckstaffel ist kleiner als die Fläche F des Kreisquadranten und diese wieder kleiner als die Fläche F_u der dem Kreisquadranten umbeschriebenen Rechteckstaffel, also

$$(1) \qquad\qquad F_e < F < F_u.$$

Gleichzeitig ist

$$(2) \qquad\qquad F_u - F_e = r \cdot \Delta x = \frac{r^2}{n},$$

wenn n die Anzahl der Rechtecke jeder der Staffeln ist. Nun wird für $\Delta x \to 0$ oder $n \to \infty$ die Differenz in (2) Null, folglich ist

$$\lim_{n \to \infty} F_e = \lim_{n \to \infty} F_u = F.$$

Die Berechnung des Kreisinhaltes, die man übrigens für die praktische Durchführung noch zweckmäßig abändern kann, führt also auf einen Grenzübergang einer Reihe. Die Rechnung selbst liefert im übrigen tatsächlich nur Näherungswerte für π.

In anderen Fällen kann aber dieses Staffelverfahren auch genaue Werte liefern. Es handele sich um die Fläche, die von der Parabel $y = x^2$, der x-Achse und einer Ordinate $x = a$ begrenzt wird. Benutzt man auch hier zwei Rechteckstaffeln, eine einbeschriebene mit der Fläche F_e und eine umbeschriebene mit der Fläche F_u, dann wird, wie man ohne weiteres sieht,

$$F_e = \frac{a}{n}\left[\left(\frac{a}{n}\right)^2 + \left(\frac{2\,a}{n}\right)^2 + \left(\frac{3\,a}{n}\right)^2 + \cdots + \left(\frac{(n-1)\,a}{n}\right)^2\right]$$
$$= a^3\,\frac{1^2 + 2^2 + \cdots + (n-1)^2}{n^3},$$

$$F_u = \frac{a}{n}\left[\left(\frac{a}{n}\right)^2 + \left(\frac{2\,a}{n}\right)^2 + \cdots + \left(\frac{(n-1)\,a}{n}\right)^2 + \left(\frac{n\,a}{n}\right)^2\right]$$
$$= a^3\,\frac{1^2 + 2^2 + \cdots + (n-1)^2 + n^2}{n^3}.$$

Dabei ist, wie ohne weiteres abzulesen,

$$F_u - F_e = \frac{a^3}{n}.$$

Da hiernach

$$\lim_{n \to \infty} (F_u - F_e) = 0$$

ist, folgt

$$\lim_{n \to \infty} F_u = \lim_{n \to \infty} F_e = F.$$

Beide Grenzübergänge lassen sich aber hier durchführen, was in Nr. 6 geschehen ist. Danach ist

$$F = \frac{a^3}{3}.$$

Unser Staffelverfahren können wir in einer etwas rohen Symbolik mit

$$F = \lim_{n \to \infty} \sum_{\nu} f(x_\nu)\,\Delta x \quad \text{für} \quad \nu = 1, 2, \cdots n$$

anschreiben, wobei Σ die Summen der einzelnen Rechtecke, $f(x_\nu)$ die zu jedem einzelnen Rechteck gehörende Höhe andeuten soll. Es ist klar, daß sich das Verfahren zumindest auf alle durch Kurven darstellbare Funktionen ausdehnen läßt.

Man schreibt dafür, wenn die Fläche zwischen Kurve und x-Achse und zwischen den Ordinaten $x = a$ und $x = b$ liegt,

$$F = \int_a^b f(x)\,dx,$$

gelesen Integral von a bis b von $f(x)\,dx$.

Zu diesen Ausführungen ist nun aber eine wesentliche Bemerkung zu machen: Wir haben hier den Begriff Fläche als selbstverständlich angenommen. Nun kann man für geradlinig begrenzte Flächen auf Grund der Axiome der Geometrie eine Theorie entwickeln, aus der eine als Invariante erscheinende Maßzahl, die man als Flächeninhalt bezeichnet, herausspringt. Aber dieser Inhaltsbegriff ist nicht ohne weiteres auf die von Kurven begrenzten Flächen auszudehnen. Zerlegungsgleichheit und Ergänzungsgleichheit (Nr. 29 im 2. Kap.) lassen uns hier im Stich.

So ist der Tatbestand umgekehrt so: Nicht der Flächeninhalt wird durch das Integral berechnet, sondern das Integral definiert überhaupt erst den Flächeninhalt. Wichtig ist dabei, daß sich die Maßzahl als invariant gegenüber den verschiedenen Verfahren ergibt, die zu ihrer Berechnung führen.

Auf eines ist dabei besonders hinzuweisen: Wir haben zur Herleitung Rechtecke gleicher Breite benutzt. Das ist keineswegs nötig, manchmal sogar unzweckmäßig. Aber auch dann, wenn Folgen von Rechtecken verschiedener Breite benutzt werden, muß doch die gleiche Maßzahl herauskommen. In der Tat ist das bei der Berechnung des Integrals gewährleistet, wie hier nicht näher belegt wird — das wird in der Integralrechnung bewiesen.

14. Rauminhalt, Cavalierisches Prinzip, Grenzübergang. Da man bei geradlinig begrenzten ebenen Flächen den Inhalt auf Zerlegungsgleichheit zurückführen kann, ist für diesen Zweck die Einführung eines infinitesimalen Verfahrens nicht erforderlich. Bei der elementaren Herleitung von Sätzen über den Rauminhalt bezieht man sich aber in der Regel auf das Cavalierische Prinzip, das offenbar infinitesimalen Charakter hat. Es besagt ja in der üblichen Formulierung:

Kann man zwei Körper so zwischen zwei parallele Ebenen legen, daß jede dritte, zu den beiden anderen parallele Ebene die Körper in zwei flächengleichen Figuren schneidet, dann sind die beiden Körper raumgleich.

Mit Hilfe dieses „Prinzips" kann man die Berechnung der elementaren Körper erledigen, kann z. B. „beweisen", daß zwei Pyramiden mit gleicher quadratischer Grundfläche a^2 und gleicher Höhe h, bei denen der Höhenfußpunkt im Grundquadrat verschiedene Lage hat, inhaltsgleich sind. Jeder Schnitt parallel zur Grundfläche schneidet ja aus den Körpern gleiche Quadrate heraus.

Man könnte fragen, kann ich zum Nachweis nicht analog wie in der Ebene mit Zerlegungs- oder Ergänzungsgleichheit operieren, also z. B. beide Pyramiden so in eine endliche Anzahl von Stücken zerschneiden, daß diese paarweis kongruent sind. Man hat nachgewiesen, daß eine solche „Endlichgleichheit" nicht zutrifft.

Wir wollen nun sehen, wie wir mit einer Grenzwertbetrachtung zum Ziel kommen. Wir ersetzen beide Pyramiden durch „Treppenkörper" gleicher Höhe; an einer Pyramide sehen wir uns das näher an. Wir legen parallel zur Grundfläche $n - 1$ Ebenen gleichen Abstandes $\Delta x = \dfrac{h}{n}$ durch die Pyramide und bauen einmal ü b e r jedem Querschnitt, zum anderen u n t e r jedem Querschnitt Quadern von der Höhe $\dfrac{h}{n}$ auf. Das liefert uns den der Pyramide u m beschriebenen und den ihr e i n beschriebenen Treppenkörper. Deren Rauminhalte V_u und V_e bestimmen sich, da die Querschnitte die Folge

$$\left(\frac{a}{n}\right)^2, \quad \left(\frac{2a}{n}\right)^2, \quad \cdots \quad \left(\frac{(n-1)a}{n}\right)^2, \quad \left(\frac{na}{n}\right)^2$$

bilden, zu

$$V_u = \frac{h}{n}\left(\left(\frac{a}{n}\right)^2 + \left(\frac{2a}{n}\right)^2 + \cdots + \left(\frac{(n-1)a}{n}\right)^2 + \left(\frac{na}{n}\right)^2\right)$$

$$= \frac{h\,a^2}{n^3}\left(1^2 + 2^2 + \cdots + (n-1)^2 + n^2\right)$$

und

$$V_e = \frac{h\,a^2}{n^3}\left(1^2 + 2^2 + \cdots + (n-1)^2\right).$$

Man liest ab

$$V_u - V_e = \frac{h\,a^2}{n}.$$

Diese Differenz ist der Inhalt des untersten Quaders. Davon kann man sich auch anschaulich überzeugen, denn die Quader gleicher Schicht im um- und einbeschriebenen Treppenkörper unterscheiden sich durch einen Körper, der von einem quaderförmig ausgebohrten Quader gebildet wird. Diese n durchbohrten Körper lassen sich aber gerade zur Grundplatte zusammenschieben.

Der Grenzübergang sowohl von V_u wie von V_e liefert den Wert V, da ja die Differenz in der Grenze $n \to \infty$ zu Null wird. Wir haben, um den Wert von V hinzuschreiben, nur den schon einmal in der vorangehenden Nummer ausgeführten Grenzübergang auszuführen. Es wird

$$V = \frac{h \cdot a^2}{3}.$$

Auch hier können wir den Grenzübergang zunächst in der Form

$$V = \lim_{n \to \infty} \sum_{\nu} \frac{h}{n} \cdot a_{\nu}^2, \quad \nu = 1, 2, \cdots n$$

schreiben. Nun gilt die Proportion

$$a_{\nu} : h_{\nu} = a : h,$$

also

$$a_{\nu} = \frac{a}{h} \cdot h_{\nu}.$$

Wählen wir $h_{\nu} = x$ als Veränderliche, dann ist $\Delta x = \dfrac{h}{n}$, also wird in Integralschreibweise

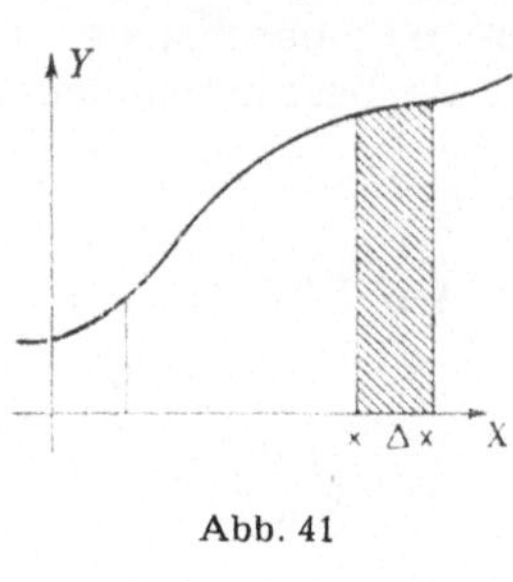

Abb. 41

$$V = \int_0^h \left(\frac{a}{h} \cdot x \right)^2 \cdot d x.$$

Hierin ist $\dfrac{a}{h}$ konstant, also liefert die übliche Auswertung des Integrals

$$V = \frac{a^2}{h^2} \int_0^h x^2 \, d x = \frac{a^2}{h^2} \frac{h^3}{3} = \frac{h a^2}{3}.$$

15. Bestimmtes und unbestimmtes Integral. Die Fläche, die von der Kurve, die zu $y = f(x)$ gehört, der x-Achse, der festen Ordinate $x = p$ und einer veränderlichen Ordinate x begrenzt wird, ist eine Funktion dieser veränderlichen Ordinate. Wenn wir diese Funktion $F(x)$ nennen, so ist $F(x + \Delta x)$ die Fläche, deren veränderliche Grenzordinate um Δx in Richtung der positiven x-Achse verschoben ist. Der Streifen, um den $F(x + \Delta x)$ den Wert $F(x)$ übertrifft, ist angenähert ein Rechteck von der Breite Δx und der Höhe $f(x)$. Genau wird der Streifen durch ein Rechteck der Breite Δx wiedergegeben, dessen Höhe $f(\xi)$ ist, wo ξ irgendwo zwischen x und $x + \Delta x$ liegt. Es ist also

$$F(x + \Delta x) - F(x) = \Delta x \cdot f(\xi).$$

Dividiert man durch Δx und geht zur Grenze über, so steht links $F'(x)$, rechts aber $f(x)$. Es ist also

$$(1) \qquad\qquad F'(x) = f(x).$$

Andererseits hatten wir den Flächeninhalt in der Form

$$(2) \qquad\qquad \int f(x) \, d x = F(x)$$

geschrieben. Wenn somit (2) und (1) gleichbedeutend sind, dann ist erstlich festzustellen, daß die Integration (2) als Umkehrung der Differentiation (1) auftritt, ferner aber, daß das so als Umkehrung der Differentiation erklärte Integral u n b e s t i m m t ist, insofern es nur bis auf eine Konstante bestimmt ist. Es ist also genauer

$$(2')\qquad \int f(x)\,dx = F(x) + c$$

zu schreiben, wo c eine Konstante ist, denn es ist mit (1) auch

$$\frac{d\left(F(x) \cdot c\right)}{dx} = f(x).$$

Hier bleibt eine Unklarheit. So sehr es begreiflich ist, daß eine durch (1) bzw. (2') durch ihre Richtung in allen Punkten festgelegte Kurve nur bis auf eine Verschiebung in Richtung der y-Achse festgelegt ist, so unbegreiflich ist es, daß eine, so wie wir es getan, festumrissene Fläche nur bis auf eine Konstante — also tatsächlich überhaupt nicht bestimmt ist.

Die Konstante wird also tatsächlich einen bestimmten, wenn auch nicht angebbaren Wert c_1 haben, wenn die Grenzen p und x der Fläche festliegen. Ist also ·

$$\int_p^x f(x)\,dx = F(x) + c_1,$$

dann wird

$$\int_p^b f(x)\,dx = F(b) \quad c_1, \qquad \int_p^a f(x)\,dx = F(a) + c_1.$$

Mithin ist das von a bis b erstreckte Integral, das dem von $x = a$ bis $x = b$ erstreckten Flächenstück entspricht,

$$\int_a^b f(x)\,dx = F(b) - F(a).$$

Man nennt ein solches Integral, bei dem die Grenzen angegeben sind, ein b e s t i m m t e s I n t e g r a l. Bei ihm fehlt die beliebige Konstante, die beim u n b e s t i m m t e n I n t e g r a l auftritt.

Ist das bestimmte Integral die Form, in der praktische Aufgaben der Integralrechnung ihre Lösung finden werden, so gibt das unbestimmte Integral einen Weg, Integrale auf Grund von Differentiationsformeln zu gewinnen, und das ist im allgemeinen ein einfacherer Weg als der durch Grenzübergang von Reihen.

16. Fortschreitender Abstraktionsprozeß in der Mathematik. Wir sind schon mehrfach einer fortschreitenden Erweiterung mathematischer Begriffe begegnet, die für den Aufbau der Mathematik entscheidend ist, wie etwa der Ausdehnung des Zahlbegriffes von der natürlichen zur rationalen, zur reellen, zur komplexen Zahl, oder des 2- und 3-dimensionalen Raumes zum n-dimensionalen, zum ∞-dimensionalen Raum. Wir wollen dieses Verfahren am Beispiel des Funktionsbegriffes noch etwas näher betrachten.

Von der numerisch gegebenen Zahl, von Zahlen wie 3, $\frac{2}{3}$, -7, ging der Weg zur allgemeinen, festen Buchstabenzahl a als Vertreter a l l e r Zahlen des Bereiches, etwa des reellen Kontinuums. Dann wird der Funktionsbegriff durch Setzung einer Veränderlichen in einen arithmetischen Ausdruck geschaffen, und man gewinnt so die lineare Funktion zunächst mit numerischen Koeffizienten wie $y = 3x + 4$, dann mit allgemeinen Koeffizienten, also $y = ax + b$. Man steigt auf zu quadratischen, kubischen, schließlich zu den allgemeinen rationalen ganzen und gebrochenen Funktionen. Das Feld erweitert sich durch Einfügung irrationaler noch in arithmetischen Zeichen hinschreibbaren Funktionen. Es kommen transzendente Funktionen hinzu, wobei ein Symbol wie $y = \sin x$ ein Abhängigkeitsverhältnis bezeichnet, das sich in arithmetischer Form nur durch einen infinitesimalen Ausdruck, z. B. durch die unendliche, stets konvergente Reihe

$$y = x - \frac{x^3}{3!} + \frac{x^5}{5!} - + \cdots$$

wiedergeben läßt.

Wie man von den Gleichungen mit einer Unbekannten zu denen mit mehreren, mit n Unbekannten aufsteigt, so schreitet man auch hier beim Funktionsbegriff von einer zu mehreren, zu n Veränderlichen fort.

Nicht von allen elementaren Funktionen liefert die Integration, so wie es die Differentiation tut, wieder eine elementare Funktion. Man definiert also unter Umständen neue Funktionen durch Integrale von Funktionen. Nachdem man den Begriff der Gleichung auf Funktionen übertragen hat, also z. B. die Lösung einer Funktionalgleichung $f(x \cdot y) = f(x) + f(y)$ fordert — eine sofort angebbare Lösung ist $f(x) = {}^a\log x -$, geht man zu Differentialgleichungen über, in denen nicht nur Funktionen, sondern auch deren Ableitungen auftreten. Es ist das eine Erweiterung der Einführung durch Integrale, denn z. B. $\lg x\, dx = dy$ ist ja gleichbedeutend mit $y' - \lg x = 0$. Eine Differentialgleichung (1. Ordnung, weil die Funktion nur in der 1. Ableitung vorkommt) hat z. B. die allgemeine Form $g(x, y, y') = 0$, wo $y = f(x)$ gesucht ist. Erst in jüngster Zeit ist man dazu gekommen, den Differentialgleichungen Integralgleichungen zur Seite zu stellen. Alles das lehrt, wie man den Begriff der Gleichungen immer mehr erweitert hat, und wie sich mit der Lösung solcher Gleichungen auch der Bereich der Funktionen ständig ausgedehnt hat, sobald die Tatsache, daß die bisher bekannten Funktionen nicht Lösungen sind, zur Einführung neuer Funktionen zwingt.

17. Begriffliche Vereinheitlichung in der Mathematik. Zuweilen nimmt der Vorgang der von der Mathematik geübten Abstraktion einen anderen Verlauf, als wie er oben geschildert wurde: Nicht fortschreitende Verallgemeinerung eines vorhandenen Begriffes wird vorgenommen, sondern eine sofortige einheitliche Zusammenfassung verschiedener Begriffe unter einem gemeinsamen, dann sehr allgemeinen Oberbegriff. Im Fall der Funktion z. B. hätte man auch von vornherein den sehr allgemeinen D i r i c h l e t schen Begriff an die Spitze stellen können: Unter einer Funktion versteht man irgendeine Anweisung, durch die jeder reellen Zahl irgendeine reelle Zahl eindeutig zugeordnet wird.

Ein typisches Beispiel für diese Art der Abstraktion ist der G r u p p e n b e g r i f f. Es handele sich um eine Schar von O p e r a t i o n e n , die auf gewisse E l e m e n t e ausgeübt werden. Diese Operationen bilden dann eine Gruppe, wenn zwei nacheinander auf die Elemente ausgeübte Operationen sich durch eine einzige Operation ersetzen lassen, und wenn neben einer Operation auch ihre Umkehrung zur Schar gehört, d. h. also eine Operation, die die vorangehende ungeschehen macht.

Hiernach bilden z. B. Parallelverschiebungen von Figuren in der Ebene oder auch Drehungen um einen Punkt eine Gruppe, denn beide Bedingungen sind erfüllt. Nicht aber bilden Spiegelungen eine Gruppe, denn zwei Spiegelungen kann ich nicht durch eine einzige ersetzen.

Man kann nun der Geometrie dadurch einen organischen Aufbau geben, daß man sie nach den in ihr zur Auswirkung kommenden Gruppen, z. B. der Bewegungsgruppe, der Ähnlichkeitsgruppe, der projektiven Gruppe, gliedert. Dann bietet sich das Vielerlei der geometrischen Einzelsätze als klar überschaubares Ganze dar.

Wie in der Geometrie so spielt auch in der Arithmetik der Gruppenbegriff eine Rolle, z. B. bildet die Operation Addition, ausgeübt auf die positiven und negativen Zahlen, eine Gruppe, denn $3 + 4 = 7$ und $7 + 8 = 15$ kann ich durch $3 + 12 = 15$ ersetzen und $3 + 4 = 7$ durch $7 + (-4) = 3$ umkehren.

Auch in der Analysis spielt der Gruppenbegriff eine Rolle. Die linearen Koordinatentransformationen, z. B.

$$x' = a\,x + b, \qquad y' = c\,y + d,$$

bilden eine Gruppe, denn wenn

$$x'' = a'\,x' + b', \quad y'' = c'\,y' + d'$$

hinzukommt, wird

$$x'' = a'\,a\,x + a'\,b + b', \quad y'' = c'\,c\,y + c'\,d + d',$$

und das ist wieder eine lineare Transformation.

Da man auch eine lineare Transformation durch eine andere rückgängig machen kann, bilden diese eine Gruppe.

Nun kann man in der analytischen Geometrie dieser Transformation der Analysis eine geometrische Abbildung entsprechen lassen. Der Gruppenbegriff ist also nicht nur eine in Arithmetik und Geometrie gleicherweise den Aufbau beherrschender Begriff, er ist auch geeignet, verschiedene Gebiete miteinander zu verbinden und zu einer Einheit zu verschmelzen. Ob ich nämlich, um bei unserem Beispiel zu bleiben, die lineare Transformation oder die durch sie analytisch erfaßte Abbildung studiere, ergibt sich als das gleiche.

Fünftes Kapitel: Mathematik und Erkenntnislehre

1. Fragen an die Philosophie. Wir haben uns bisher mit den Methoden der Mathematik beschäftigt, genauer mit den Methoden zu ihrer Systematisierung; dahin gehört die Behandlung der Logik, der Axiomatik, das Verfahren zur Festlegung von Definitionen und Lehrsätzen. Dabei sind Fragen offen geblieben: Was haben eigentlich die genannten Verfahrensweisen zum Gegenstand? Die naive Antwort lautet: Natürlich Zahlen — besser sagen wir gleich Zahlengebilde — und Raumgebilde, dazu noch allgemeinere Dinge wie etwa Mengen, Gruppen. Und weiter kommen dann allerlei Relationen zwischen diesen Dingen in Betracht. Aber diese Antwort ist unbefriedigend. Was sind das eigentlich für Dinge? Wenn wir unsere Bewußtseinsinhalte, also die Elemente unserer eigenen Innenwelt, aufgliedern, dann stoßen wir auf Sinnesempfindungen, auf Vorstellungen, Gedankengebilde, dazu Affekte, Willensimpulse. Was davon gehört nun der Mathematik als Substrat an? Und was bezieht sich davon wieder auf die Außenwelt, wenn wir eine solche postulieren?

Mit dieser **Frage nach dem Gegenstand der Mathematik** hängen andere gewichtige Fragen zusammen. Wie steht es mit dem Wahrheitsgehalt der mathematischen Lehre. Was versteht man dabei überhaupt unter Wahrheit? Es gibt doch Paradoxien der Mathematik; wie schafft man sie aus der Welt?

Im Gegensatz zu der Erledigung der in den vorangehenden Kapiteln behandelten Lehren springt die Tatsache in die Augen, daß auf alle diese Fragen ganz verschiedene Antworten gegeben werden, je nach der philosophischen, im besonderen erkenntnistheoretischen Einstellung. Das deutet schon darauf hin, daß wir hier mit einem Mangel an exakter Erledigung zu rechnen haben, daß insbesondere Lücken in der Beantwortung bleiben, daß, was der eine für befriedigend hält, vom andern nicht anerkannt wird. Was wir deshalb im folgenden bieten können, ist eine knappe Kennzeichnung der verschiedenen Richtungen. Dabei soll die Frage nach dem Gegenstand der Mathematik im Vordergrund stehen [1]).

---

[1]) Eine ausführlichere Darstellung der im folgenden gekennzeichneten verschiedenen Richtungen der Erkenntnislehre gibt z B. W. D u b i s l a v , Die Philosophie der Mathematik in der Gegenwart (Philosophische Forschungsberichte 13), Berlin, Junker und Dünnhaupt, 1932.

2. Der Logismus. Das Verfahren, das in der Mathematik die Definitionen untereinander, die Lehrsätze untereinander und beides, Definitionen und Lehrsätze, untereinander zu einem System zusammenfügt, ist unbestreitbar das logische. Wir haben wenigstens andeutungsweise gezeigt, wie man die Logik axiomatisieren und zu einem Logikkalkül entwickeln kann. Der Logismus behauptet nun, Mathematik ist Logik, genauer ein Zweig der Logik; sie entstehe durch eine konsequente Weiterführung der Logik. Danach ist die Mathematik ein reines Gedankengebilde. Alle Sätze der Mathematik müssen sich auf die Grundregeln der Logik zurückführen lassen. Was man in diese logischen Grundregeln an Ausgangsaussagen hineinsteckt, ist an sich gleichgültig.

Kraß hat einmal B. R u s s e l , einer der Führer der Logisten, seinen Standpunkt so ausgedrückt: Es „kann die Mathematik definiert werden als die Wissenschaft, in der wir niemals wissen, worüber wir reden, noch ob das, was wir reden, wahr ist".

Gegen diese Auffassung hat man zunächst eingewandt, daß es dem Logismus tatsächlich nicht gelungen sei, die gesamte Mathematik formal zu entwickeln, sein Programm also wirklich durchzuführen. Es scheitere u. a. an dem Unendlichkeitsaxiom, d. h. einem Grundsatz, der das transfinite, das aktuale Unendlich einführt. Nun kann man ja, wie wir im Kapitel über die Grundlegung der Analysis gesehen haben, bei der Erfassung des Grenzwertes mit dem potentiellen Unendlichen auskommen, also im Finiten bleiben, das aktual Unendliche entbehren. G a u ß hat das ja geradezu als eine These der Mathematik hingestellt. So könnte jemand sagen, er verzichte in der Mathematik lieber ganz auf alle hier in Frage stehenden Gebiete und Probleme der Mathematik, wie etwa auf die Mengenlehre. Dieser Verzicht wäre allerdings einschneidender, als es zunächst den Anschein hat.

Solch eine Bescheidung hätte den Vorteil, daß man sich auch um eine andere heikle, die „Grundlagenkrisis" heraufbeschwörende Aufgabe herumdrücken könnte, die Lösung der Paradoxien des Unendlichen, wie sie etwa an die Menge aller Mengen, die sich nicht selbst als Element enthalten, anknüpfen. Dem Logismus ist der Versuch, seinerseits mit den Paradoxien fertig zu werden, nicht gelungen.

Weit gewichtiger als die soeben vorgebrachten scheint mir aber ein anderer Einwand. Der Logismus beantwortet die Frage nach dem Wesen der Gegenstände der Mathematik gewissermaßen damit, daß er sie leugnet. Worauf sich sein bis zu den weitesten Grenzen vorstoßender Logikkalkül bezieht, ist ihm gleichgültig. Nun kann ich aber doch zumindest Bildmathematiken entwickeln, so wie wir das für die Geometrie und die Arithmetik angedeutet haben. Dabei können einem Axiomensystem sogar verschiedene — untereinander hinsichtlich dieses Systems isomorphe — Bildmathematiken entsprechen. Diese beziehen sich aber doch auf mathematische Gegebenheiten. Für den mathematischen Forscher sind diese mathematischen Gegebenheiten sogar wichtiger als ihre Fassung in ein System von Axiomen, Definitionen und Lehrsätzen. Um es vielleicht nicht so exakt, aber deutlich auszudrücken: Der Logismus vergißt über der Methode den Inhalt; ja noch mehr als das, er übersieht über dem Verfahren der endgültigen Festlegung einer mathematischen Tatsache die Tat des Forschers.

Von vornherein scheint der Logismus deshalb an der gewichtigen Frage zu scheitern, wie die von ihm entwickelte Mathematik auf die Welt der sinnesgegebenen Wirklichkeit oder auf die verschieden weit axiomatisierten Zweige der Naturwissenschaft, vor allem der Physik, anwendbar ist. Man müßte schon die Außenwelt etwa im Sinne eines Solipsismus als tatsächlich reine Fiktion ansehen, die in Wirklichkeit ganz der Innenwelt des logistischen Mathematikers angehört.

3. Der Empirismus. Es liegt nahe, nun das Heil bei der Gegenseite eines rein rationalistischen Logismus zu suchen, bei dem Empirismus. Ich kann mich dabei kurz fassen, weil ich bei der Untersuchung der Grundlagen der Geometrie bereits mehrfach auf die Beziehung der axiomatisierten Mathematik zur sinngegebenen Wirklichkeit eingegangen bin.

In der Welt dieser Wirklichkeit herrscht das Endliche. Alle Dinge, die je von einem Menschen und somit von der Menschheit insgesamt von den Sinnen aufgenommen sind, bilden eine endliche Menge von Eindrücken. In der Mathematik aber beziehen sich die Axiome und Lehrsätze auf unendliche Mengen. $a + b = b + a$ gilt für a l l e Zahlen, daß die Winkelsumme im Dreieck zwei Rechte ist, für a l l e euklidischen Dreiecke; ohne die A l l - Beziehung, die wir in den Logikkalkül einbauten, ist die Mathematik nicht zu denken. Daraus entspringt die Tatsache, daß man durch numerische Rechnung, durch Messung, durch Konstruktion, also allgemein durch Beobachtung und Experiment, die Entscheidung über richtig und falsch in der Mathematik nicht treffen kann.

Ganz so einfach ist nun aber der Empirismus nicht zu schlagen. Dem eben vorgetragenen Einwand begegnet er mit dem Hinweis auf die A b s t r a k t i o n. Zunächst einmal muß man ja von gewissen Eigenschaften bei den Dingen der Wirklichkeit absehen, ehe sie als Objekte der Mathematik brauchbar sind, z. B. bei den Körpern von Farbe, Material, Gewicht und dergleichen. Das allein reicht aber bei allen meßbaren Größen nicht aus, schon bei der einfachen Beziehung „gleich". Da alle Messungen nur Näherungswerte geben, es also jeweils auf eine zugehörige Genauigkeitsschwelle ankommt, muß man bei der Durchführung der Abstraktion an eine Art Grenzübergang denken. Der Empirismus hat sich mit diesem teils im Beobachtbaren, teils im rein Gedanklichen bleibenden Prozeß meines Wissens nie auseinandergesetzt. Aber davon ganz abgesehen, wie man bei der Grenzwerterklärung in der Analysis mit den Gliedern der Folge an die Grenze selbst tatsächlich nicht herankommt, so bleibt auch der Empiriker mit seinen Abstraktionsschritten in der Welt möglicher sinnlicher Erfahrung. Nun lehrt uns aber die Analysis — wir haben im 4. Kapitel, Nr. 9, drastische Beispiele dafür gegeben —, daß $\lim_{x \to a} f(x)$ keineswegs gleich $f(a)$ zu sein braucht, ja daß aus der Existenz des Limes nicht einmal die Existenz des $f(a)$ folgt.

Nun wird wieder der Empiriker einwenden, er beabsichtige gar nicht in der Mathematik für alle Definitionen und Lehrsätze das ihm wesenseigene Herleitungsverfahren, die Induktion, anzuwenden. Ja sogar in seiner eigenen Domäne, der Naturwissenschaft, bediene er sich ja, wo er könne, der Deduktion, also der logischen Herleitung. Nur bei den Grundlagen, den Axiomen, mache er von seiner erkenntnistheoretischen Einstellung Gebrauch. Wir haben aber gerade im zweiten Kapitel gezeigt, daß es sich da keineswegs um für den Empiriker „selbstverständliche" Dinge handelt, und was eben von dem Abstraktionsprozeß gesagt wurde, bezieht sich ganz ausgesprochen auch auf die Grundbegriffe Punkt, Gerade, Ebene, auf Inzidenz, Zwischenlage und Kongruenz.

So ist also das Ergebnis unserer Erörterung, daß auch der Empirismus mit seiner Erledigung der Frage nach den Gegenständen nicht befriedigt, ganz abgesehen davon, daß ihm gewisse mit dem Aktualunendlichen operierende Gebiete und Problemstellungen wie etwa die Mengenlehre gänzlich verschlossen bleiben.

4. Der Formalismus. Der Empirismus will seinerseits die Antwort auf die Frage geben, bei der der Logismus gänzlich versagt: Wovon handelt eigentlich die Mathematik? Daß sie z. B. von Zahlen und von Raumgebilden handelt, spielt für den eigentlichen Logismus keine Rolle. Verwandschaft mit dem von dem deutschen Mathematiker F r e g e vertretenen Logismus, der dann besonders von den Engländern B. R u s s e l und A. N. W h i t e h e a d ausgebaut ist, hat nun der von D. H i l b e r t und seiner Schule entwickelte Formalismus. Übrigens ist gerade die Ausgestaltung des Logikkalküls eines der Verdienste auch dieser Formalisten.

Wie der Formalismus Grundlage und Aufbau der Mathematik betreibt, braucht in diesem Kapitel nicht noch einmal ausgeführt zu werden; unsere Darlegungen in den ersten drei Kapiteln stehen ganz im Zeichen dieser Auffassung.

Strenggenommen darf sich auch der Formalist unter den Dingen, die er sich beispielsweise in der Geometrie und in der Arithmetik vorstellt, nichts denken. Aber es wird doch ausdrücklich von Dingen gesprochen. Der erste Satz in H i l b e r t s Grundlagenbuch heißt: „Wir denken drei verschiedene Systeme von Dingen: die Dinge des ersten Systems nennen wir Punkte und bezeichnen sie mit $A, B, C, \ldots$" usf.

Also es handelt sich um Gegenstände der Mathematik. Und der Formalist wird von ihnen bei seinen Untersuchungen von Bildgeometrien, Bildarithmetiken Gebrauch machen und hat es dabei mit ganz bestimmt umschriebenen Gegenständen zu tun. Vorsichtig aber, wie er sein muß, spricht er dabei gern nur von „Zeichen", für die die Axiome Spielregeln angeben. Daß diese Spielregeln nicht willkürlich sind wie bei irgendeinem der Kurzweil dienenden Spiel, daß die mit ihrer Hilfe entwickelte Mathematik für wissenschaftliche Theorien der verschiedensten Art, ja für die Beherrschung der Wirklichkeit brauchbar ist, wird wohl vom Formalisten gelegentlich hervorgehoben, aber meines Wissens einer tiefergehenden Untersuchung nicht gewürdigt.

Zuweilen hat es den Anschein, als ob es dem Formalismus lediglich auf die Aufstellung eines widerspruchsfreien Systems ankommt, auf eine große Tautologie, die aus gegebenen Ausgangspositionen nach gegebenen Operationsformeln neue Formeln zu gewinnen strebt. Aber doch ist wohl für sie Existenz nicht gleichbedeutend mit Widerspruchsfreiheit. Sie ist ihm notwendige, aber ich glaube nicht hinreichende Forderung. Man sollte nicht übersehen, daß der Formalist H i l b e r t seinem Buche das K a n t zitat voranschickt: „So fängt denn alle menschliche Erkenntnis mit Anschauungen an, geht von da zu Begriffen und endigt mit Ideen."

5. Mathematik und Forschung. Es liegt nahe, sich in unserer Angelegenheit an die Mathematiker mit der Frage zu wenden, w i e sie Mathematik treiben, um daraus vielleicht einen Anhalt zu gewinnen darüber, welches eigentlich die Gegenstände der Mathematik sind. Wenden wir uns zunächst an den mathematischen Forscher. Fragen wir einmal einen Vertreter des

Formalismus selbst nach der Art und Weise seiner schöpferischen Tat. Leider ist darüber aus Forschermund selbst Authentisches wenig zu hören. Eine Rundfrage, die einmal vor wenigen Jahrzehnten erging, hat zwar ein sehr buntes Bild ergeben, eine einheitliche Grundrichtung war aber nicht zu erkennen. Also müssen wir uns schon an die Forschungsergebnisse selbst, ihre mündliche und schriftliche Überlieferung halten.

Nun ist eines sicher. Auch ein ausgesprochener Formalist, wie es D. H i l b e r t war, hat in seiner den verschiedensten Gebieten der Mathematik zugewandten Lebensarbeit keineswegs sich an Zeichen und Spielregeln gehalten und mit ihnen operiert, sondern die A n s c h a u u n g ausgiebig mit herangezogen. Ja sogar in der eigensten Domäne der Axiomatik, in seinem Grundlagenbuch, hat er mit Figuren nicht gespart, wenn er auch im Text nicht auf sie Bezug nahm. Ein Mann wie F e l i x K l e i n , der freilich alles andere als Formalist war, hat ständig mit der Anschauung, der B e w e g u n g , ja gelegentlich mit physikalischen Begriffen im Rahmen seiner mathematischen Forschung gearbeitet.

Das gleiche Bild bietet sich dar, wenn wir einen Blick in die Geschichte der Mathematik werfen. Der erste Axiomatiker, E u k l i d , hält für gewisse, der Anschauung entnommene Aussagen, z. B. über den Begriff „zwischen", eine axiomatische Festlegung für überflüssig, ja er zieht sogar, wie wir früher gehört, an einer für ihn kritischen Stelle die Bewegung mit heran. Der größte schöpferische Mathematiker des Altertums, A r c h i m e d e s , wurzelt ganz in Anschauung und Bewegung.

Ebenso stehen an der Wiege der neueren Geometrie, bei der Schaffung der analytischen Geometrie durch D e s c a r t e s und andere, der Infinitesimalrechnung durch L e i b n i z und N e w t o n , Raumbegriffe wie Kurve, Fläche, Bewegung im Vordergrund. Selbst bei der Bildung des Begriffes der komplexen Zahl, bei C a r l F r i e d r i c h G a u ß , und bei der Entwicklung der Theorie der Funktionen komplexer Veränderlicher durch B. R i e m a n n haben Veranschaulichungen in Ebene und Raum entscheidenden Anteil.

Mag sein, daß es auch Mathematiker gibt, die im Spiel mit Zeichen und logischen Formeln zu neuen Ergebnissen gekommen sind. Mit Recht hat aber einmal S t u d y hervorgehoben, daß das eine sehr langweilige Angelegenheit sei. Und die Großtaten mathematischer Forschung sind jedenfalls so nicht errungen. Es muß also doch etwas mehr hinter den Gegenständen der Mathematik stecken als der Logismus und der Formalismus in Reinkultur wahr haben wollen. Zeichen allein verrichten keine Wunder. Aber da der Empirismus seinerseits versagt, was ist es?

6. Mathematik und Lehre. Besser als über die geistigen Vorgänge bei der Forschungsarbeit unterrichtet uns die Psychologie über die mathematische Unterweisung. Das Wesentliche an dem Befund ist die Tatsache, daß es hinsichtlich der psychischen Vorgänge große qualitative Unterschiede individueller und, wie manche glauben, auch rassischer Art gibt. Ob die Vorstellungswelt und die geistige Aktivität mehr visuell, akustisch oder motorisch gerichtet ist, das ist für die Aufnahme mathematischer Lehren von grundsätzlicher Bedeutung. Auch ob es sich z. B. beim Zahlbegriff mehr um simultane oder sukzessive Erfassung handelt, was bei der Didaktik des Anfangsunterrichts im Rechnen zu der Trennung der mit Mengenbegriff und Zahlbild arbeitenden „Anschauer" und der mit Gegenstandsreihen nicht nur visuell, sondern auch akustisch arbeitenden „Zähler" geführt hat, ist in dieser Hinsicht bemerkenswert.

Eine weitere Tatsache fällt ins Gewicht: Bei der Erfassung der Gegenstände der Mathematik, nicht bloß der Zahlen, sondern ganz besonders auch der Raumformen, beobachtet man beim einzelnen Menschen ein Nacheinander typischer Entwicklungsstufen, vom Kleinkind über das Kind, den Jugendlichen bis hin zum Erwachsenen. Ein treffendes Beispiel ist da die Fähigkeit Einzelner zur Produktion subjektiver Anschauungsbilder, die den visuellen Eidetikern eigen ist. Der Prozentsatz von Eidetikern unter Kindern ist außerordentlich hoch, jedenfalls über 50 %. Mit zunehmendem Alter aber nimmt der Anteil bis auf wenige Prozent ab, ja wird geradezu eine Seltenheit. Dabei hat man hier noch zwei Formen zu unterscheiden, den starren, sogenannten tetanoiden Typ und den beweglichen, basedoiden Typ. J a e n s c h und seine Schüler haben das bis zu einer allgemeinen Theorie von Begabungsformen entwickelt. Soviel ist jedenfalls sicher, daß die Aufnahme von Arithmetik und Geometrie durch diesen Konstitutionstyp wesentlich bedingt ist.

Da sich die mathematische Begabung offenbar in verschiedene Komponenten aufspalten läßt, von denen zumindest einige durch Vererbung bedingt oder beeinflußt sind, sind die psychischen Vorbedingungen für die Aneignung mathematischer Lehren angesichts dieser Mannigfaltigkeit alles andere als einheitlich bei allen Menschen die gleichen. Das aber kann man unseren kurzen Darlegungen wohl entnehmen: Anschaulichkeit, Beweglichkeit der Gebilde spielen in jedem Falle eine bald mehr, bald weniger ausschlaggebende Rolle. Der neuere mathematische Unterricht hat aus dieser Tatsache seine wohlüberlegten Folgerungen gezogen. So liefern dem Erkenntnistheoretiker Psychologie und Pädagogik zur Frage nach dem Gegenstand der Mathematik ihre gewichtigen Beiträge, wenn sie auch keineswegs eindeutig sind.

7. Der Kritizismus. Die Aufgabe, der wir uns nun wieder zuwenden, die Objekte der Mathematik erkenntnistheoretisch zu kennzeichnen, wird also dadurch erschwert, daß es jedenfalls seine Schwierigkeiten hat, die Mannigfaltigkeit auf einen gemeinsamen Nenner zu bringen.

Einen ersten Lösungsversuch macht der Kritizismus. Wenn man will, kann man bis auf Plato zurückgehen. Auf Grund seiner Ideenlehre und der sokratischen Hebammenkunst, ganz drastisch z. B. mit der bekannten Lehrprobe über den einfachsten Sonderfall des pythagoreischen Lehrsatzes im Menon, will er uns überzeugen, daß die mathematischen Objekte bereits im Menschen vorhanden sind; sie bedürfen nur der Freilegung und Hebung.

Kant hat dann Raum und Zeit als Formen einer „reinen Anschauung" erkannt. Mit dem Raum sind die Gegenstände der Geometrie, mit der Zeit ist die reelle Zahl gewonnen und die Mathematik als ein System von synthetischen Urteilen a priori hergestellt.

Von den Nachfolgern des Kantischen Kritizismus, den Neukantianern, ist namentlich die Friessche Schule hervorgetreten. Der Mathematiker Hessenberg und der Philosoph Nelson, die sich der Lösung des mathematischen Gegenstand-Problems angenommen haben, nehmen an, daß sie mit der Berufung auf die „reine Anschauung" gewissermaßen die Sicherstellung des Formalismus geleistet haben. Sie könnten darauf hinweisen, daß ihre Stellung im Sinne von Hilbert liegt, da dieser ja das in Nr. 4 zitierte Kantwort seinem Grundlagenwerk als Motto vorausschickt.

Nun wird, wenn hier von „reiner Anschauung" gesprochen wird, natürlich etwa gefragt werden: „Welche Geometrie entspricht ihr?" Kant würde darauf, auch wenn er die neuere Entwicklung übersehen könnte, vermutlich antworten: die dreidimensionale euklidische Geometrie. Wie sind dann aber nichteuklidische, wie sind mehrdimensionale Geometrien zu erklären? Daß sie denkmöglich sind, läßt sich doch nicht leugnen. Und der Hinweis bei der euklidischen Geometrie auf die sinnliche Wirklichkeit verfängt nicht. Der Empirismus ist für den Kritizismus — mit Recht — abgetan. Meint man aber, diese Art, Geometrie zu treiben, gehöre eigentlich in den Machtbereich der Arithmetik, so ist doch zu bedenken, daß man sie auch in der Physik wirklich verwendet.

Aber noch mehr. Nachdem sich die Quantelung der Energie als unentbehrlich zum Verständnis physikalischen Geschehens erwiesen hat, ist jedenfalls die Denkmöglichkeit einer Quantelung von Raum und Zeit nicht ausgeschlossen. Die Physik würde sicherlich, wenn irgendwelche Tatsachen dazu zwingen würden, nicht davor zurückschrecken. Wie aber steht es dann mit der „reinen Anschauung"?

Allgemein gesprochen: Die Naturwissenschaft wird sich nicht — nein sie tat es tatsächlich nicht — vom Kritizismus vorschreiben lassen, welcher Art die Gegenstände der Mathematik sind, die sie ihren Theorien zugrunde legt. Erforderlich ist deshalb eine Ausgestaltung des Kritizismus, der diesem Tatbestand Rechnung trägt. Ansätze dazu sind vorhanden, eine schlüssige Erledigung des Gegenstandsproblems durch den Kritizismus aber noch nicht.

8. Der Konventionalismus. Legt sich der Kritizismus dahin fest, daß er, was die Geometrie anlangt, eine durch die „reine Anschauung" gegebene, eben die dreidimensionale, euklidische Form herausgreift, so hält sich der namentlich von dem französischen Mathematiker H. P o i n c a r é vertretene Konventionalismus die Hände frei. Es sei nur eine Frage der Zweckmäßigkeit, welche von den verschiedenen Geometrien man zur Beschreibung der Wirklichkeit benutze. Das ist ein entschiedener Bruch mit der Grundanschauung des Kritizismus.

Beachtenswert erscheint vor allem der von H. F r i e d e m a n n vorgetragene Nachweis, daß dem „haptischen" Raum, der auf die euklidische Geometrie führt, der optische Raum, der auf die projektive Geometrie führt, gegenübersteht. Mit dem Meßgerät und den Beobachtungsmethoden, mit denen man an die experimentelle Erfassung der Wirklichkeit herangeht, legt man sich offenbar schon hinsichtlich der angewandten Geometrie in gewissem Umfang fest. Vielleicht erweist sich auch im Mikrokosmos der Atomstruktur eine andere Mathematik als fruchtbar als in unserer Alltagswelt und wieder eine andere Mathematik im Makrokosmos des Weltalls.

Damit, daß die Wahl der auf ein naturwissenschaftliches .Tatsachengebiet anwendbaren Mathematik nach Zweckmäßigkeit in die Hand des Forschers gegeben wird, greift eine psychische Funktion ein, die bisher noch nicht berücksichtigt wurde, der W i l l e. Insofern steht der Konventionalismus einer voluntaristischen Philosophie nahe.

So bringt der Konventionalismus zum Problem der Anwendung der Mathematik auf die sinnliche Wirklichkeit einen beachtenswerten Beitrag. In der Frage nach dem Gegenstand der Mathematik, also nach dem Substrat der in den verschiedenen Zweigen der Mathematik implizit gegebenen Definitionen und Forderungen versagt auch er.

9. Der Intuitionismus. Während Kritizismus und Konventionalismus auf den Aufbau der mathematischen Wissenschaft selbst ohne wesentlichen Einfluß geblieben sind, liegen die Dinge anders beim Intuitionismus. Hier hat der Eingriff sehr aktiver Vertreter dazu geführt, daß bisher als unbedingt gesichert angesehene Teile der Mathematik in ihrem Bestande gefährdet und daß wenigstens bei einigen Positionen eigene Stützungsaktionen angebahnt wurden.

Es ist deshalb erforderlich, daß wir uns mit dem in neuerer Zeit von dem holländischen Mathematiker B r o u w e r und dem deutschen Mathematiker W e y l vertretenen Intuitionismus — oder wie man manchmal sagt Neointuitionismus im Gegensatz zum Altintuitionismus = Kritizismus — etwas ausführlicher auseinandersetzen.

Wir lernten in Nr. 14 des ersten Kapitels den Satz vom ausgeschlossenen Dritten kennen und wiesen schon da auf den Intuitionismus hin. Er verwirft die Allgemeingültigkeit dieses Gesetzes. Das hängt mit seiner Stellungnahme zu sogenannten reinen Existentialaussagen zusammen. Man beweist da die Existenz eines mathematischen Gebildes von bestimmten Eigenschaften, ohne einen Weg anzugeben, wie man das Gebilde wirklich finden, also berechnen oder konstruieren kann. Dabei kann die Anzahl der zur Lösung führenden Schritte sehr groß sein, aber sie soll endlich sein. Von einer noch so großen natürlichen Zahl kann man z. B. mit einer endlichen Zahl von Schritten feststellen, ob sie Primzahl ist oder nicht. Dagegen kennt man z. B. kein Verfahren, um von jeder vorgelegten reellen Zahl festzustellen, ob sie algebraisch oder transzendent ist. Bei einigen weiß man es, aber eben nicht bei allen. Ein reiner Existentialbeweis eines Satzes L könnte nun so vorgehen: Es gibt eine gewisse reelle Zahl Z. Ist Z algebraisch, dann läßt sich L als richtig erweisen, ist aber Z transzendent, dann läßt sich gleichfalls beweisen, daß L richtig ist. Daraus folgt, daß L falsch ist, ich bin auf einen Widerspruch gestoßen.

Nehmen wir den bisher nicht erledigten F e r m a t schen Satz: $x^n + y^n = z^n$ ist in positiven ganzen Zahlen x, y und z und für die natürlichen Zahlen $n > 2$ nicht lösbar. Für den Nichtintuitionisten gibt es hier zwei Möglichkeiten, entweder ist der Satz richtig oder er ist falsch, ein drittes gibt es nicht. Der Intuitionist dagegen sagt: Entweder beweist man, daß keine Lösung vorhanden ist, oder man gibt ein Verfahren an, eine Lösung in endlicher

Schrittzahl zu finden. Ein reiner Existenznachweis ohne einen solchen Konstruktionsweg, auch wenn der Nachweis erbracht wird, daß er zu keinem Widerspruch führt, kann als Beweis nicht anerkannt werden. Nach einem Vortrag von B r o u w e r entspann sich einmal eine Diskussion: A. „Ich habe eine reelle Zahl. Wenn ich auch noch nicht entscheiden kann, ob sie algebraisch oder transzendent ist, und wenn das auch heute alle Mathematiker noch nicht können, so wird es doch z. B. der liebe Gott wissen, denn eines von beiden muß doch der Fall sein." „Dann müssen Sie den lieben Gott sehr genau kennen, wenn sie wissen, daß er es weiß", meinte B r o u w e r.

Der Intuitionist glaubt eben, im Gegensatz zum Formalisten, keineswegs an die Lösbarkeit aller — wohlgemerkt richtig gestellten — mathematischen Probleme. Vielleicht wächst sogar, so meinte B r o u w e r in jenem Vortrag, die Anzahl der ungelösten mathematischen Probleme in Zukunft schneller als die der gelösten.

Auch hinsichtlich der Widerspruchsfreiheit besteht ein wesentlicher Unterschied zwischen Intuitionist und Nichtintuitionist. Für den Formalisten ist für die Richtigkeit eines mathematischen Systems die Widerspruchsfreiheit notwendig und hinreichend. Für den Intuitionisten ist der Nachweis der Widerspruchsfreiheit keineswegs hinreichend, er ist aber für die durch Intuition erfaßten Begriffe, dahin gehört z. B. die natürliche Zahl, gar nicht notwendig; für die anderen Begriffe aber erledigt er sich von selbst durch die Angabe der Konstruierbarkeit.

Der Forderung des Intuitionismus fallen weite Strecken der üblichen Mathematik zum Opfer, so schon im Bereich des Kontinuums, also der reellen Zahl, erst recht in der Mengenlehre. Die Intuitionisten haben sich aber nicht nur im Einreißen des Alten betätigt, sondern auch Neues, nach ihren Anforderungen Gesichertes aufgebaut, freilich auf Kosten der Einfachheit — so sagt der Nichtintuitionist.

10. Angewandte Mathematik. Die Antwort des Intuitionismus ist alles in allem unbefriedigend. Ihrem Pessimismus steht der Optimismus anderer gegenüber, die an ein Ignorabimus nicht glauben wollen. Die ganze Mathematik muß gesichert werden! Mag auch heute noch ein Ignoramus gelten.

Wie aber, wenn wir die Frage nach dem Gegenstand der Mathematik auf die angewandte Mathematik beschränken? Da ist zunächst ein Wort über den Begriff „Angewandte Mathematik" zu sagen. Es kann sich natürlich dabei nicht um die Anwendungen, genauer um die Mathematik anwendenden Wissenschaften handeln, etwa um Mechanik oder Astronomie oder Finanz-wesen usf. Also sind die den spezifischen Zwecken angepaßten mathematischen Methoden gemeint. Aber welche Gebiete da in Betracht kommen, das läßt sich nicht im voraus sagen. Einst fiel die Kegelschnittlehre aus, da kam K e p l e r , einst fielen die kom-, plexen Veränderlichen aus, da lernte sie die moderne Elektro-technik gebrauchen; Zahlentheorie erschien als Muster reiner, un-angewandter Mathematik, man kommt aber mit ihr in der Lehre von den Knoten weiter. Für die einen ist die darstellende Geo-metrie reine Mathematik, für die anderen schon die synthetische Geometrie angewandte Mathematik. Eine Grenze ist schwer zu ziehen. Und so sagen viele auch, es gibt nur e i n e Mathematik, und sie kommen so um die Pflicht, eine Grenze aufzurichten.

F e l i x K l e i n hat nun den Gedanken durchgeführt, zwischen einer Präzisions- und einer Approximationsmathematik zu unter-scheiden. Wenn wir früher vom Sinnenraum, von der sinnlichen Wirklichkeit sprachen, so gehört das in die K l e i n sche Ideen-welt. In der Approximationsmathematik kommt man z. B. mit endlichen Dezimalbrüchen aus, die graphische Darstellung eines Funktionszusammenhanges liefert nicht eine mathematische Kurve, sondern einen Streifen. Man kann eine Theorie des praktischen Konstruktionszeichnens entwickeln, in der die Punkte, die Geraden Flächen, die Ebenen Körper sind. Entwickelt man aber eine solche Approximationsmathematik, dann tut man gut, auf die Präzisions-mathematik zurückzugreifen, sie ist nämlich einfacher.

Es begibt sich da also etwas sehr Merkwürdiges. Statt daß der Weg von den Dingen sinnlicher Erfahrung durch Abstraktion zu den Gegenständen reiner Mathematik führt, wie es der Empiris-mus gern will, tut man umgekehrt gut, mit den Gegenständen der reinen Mathematik an die Erfahrungswelt heranzutreten. So wird auch durch die Klärung der Beziehungen zwischen reiner und an-gewandter Mathematik das Gegenstandsproblem nicht vorwärts-getrieben.

Die Mathematik gehört nicht zu den Wissenschaften, die wie ein Haus, und sei es ein Wolkenkratzer, auf Sand oder Fels ge-mauert bis zum Dach hin aufgebaut sind und nur hier und da noch in den Räumen und an ihrer Außenhaut im Laufe der Zeit Aus-besserungen verlangen. Vielleicht sind das nicht einmal Wissen-schaften. Die Mathematik gleicht vielmehr, wie wir in der Ein-leitung sagten, dem Baum, der grünt, blüht und Früchte bringt, neue Äste und Zweige bildet, bei dem aber auch die Wurzeln immer tiefer und breiter ins Erdreich greifen.

Eine Wissenschaft lebt von ihren ungelösten Problemen, Pro-bleme nicht nur ihres Stoffes sondern auch ihrer Methoden. Eine

Wissenschaft, die keine Probleme mehr hat, die mit allem schon fertig ist, ist tot.

11. Mathematik und Erziehung. Mathematik als Wissenschaft, insbesondere als Feld der Forschung, Mathematik als Arbeitsmittel, insbesondere als Feld vielfältiger Anwendungen, Mathematik als Objekt und Subjekt der Erkenntnislehre erschöpfen nicht den Bereich der Wirksamkeit dieses Faches. Hinzu kommt noch Mathematik als Werkzeug der Erziehung — unter Absehung von all dem, was etwa in einem mathematischen Unterricht an besonderen Stoffen gelehrt, an Kenntnissen und Erkenntnissen im einzelnen übermittelt wird. Einige dieser Erziehungsziele, soweit sie ihr wesenseigen sind, sollen, weil sie sich aus der Besonderheit von Aufbau und Grundlegung gerade dieser Wissenschaft ergeben, im folgenden zum Abschluß unserer Betrachtungen noch kurz gekennzeichnet werden.

Es liegt in der Natur des Gegenstandes der Mathematik, daß im Vordergrunde der formalen Ziele des mathematischen Unterrichts drei Dinge stehen:

Die Erziehung zur G r ö ß e n e r f a s s u n g sieht die Aufgabe vor sich, das Kind, den jungen und den alten Menschen dahin zu bringen, die Größen, mit denen sie im täglichen Leben, im Beruf, in der Wissenschaft zu tun bekommen, durch Messung, Schätzung, Rechnung oder irgendwelche andere Erfahrungsmittel zahlenmäßig zu erfassen und so ein Gefühl für Größenordnung zu erzeugen. Dabei kann es sich um feste Einzelzahlen, um Größenvergleich, insbesondere um Prozentansatz, um fließende Zahlen, also funktionale Abhängigkeit handeln.

Die Erziehung der A n s c h a u u n g sieht die Aufgabe vor sich, im gleichen Bereich des Lebens, den wir eben umrissen haben, zur Erfassung der Formen anzuleiten, ihre graphische Niederschrift, auch die ebene Darstellung räumlicher Gebilde, wie sie z. B. die verschiedenen Zweige der darstellenden Geometrie entwickelt haben, lesen und selbst ausführen zu können.

Die Erziehung zur A n w e n d u n g der Mathematik, die mit den beiden vorangehenden Zielen eng zusammenhängt, hat ihre Aufgabe darin zu suchen, in der sächlichen und gedanklichen Umwelt mathematische Probleme sehen zu lehren, den rein mathematischen Vorgang, etwa die Rechnung, die Konstruktion, einzubauen in das Vorspiel, das hinführt zum Problem, indem es dafür die Unterlagen durch Messung, Beobachtung, Überlegung usf. beschafft, und das Nachspiel, das die Auswertung des abstrakten Ergebnisses in der konkreten Wirklichkeit bietet.

Hängen diese drei Erziehungsziele mit der Besonderheit des Gegenstandes der Mathematik zusammen, knüpfen sie also an den Stoff an, so andere an die Methode, hängen also mit Aufbau und Grundlage zusammen. Es gilt als Binsenwahrheit, daß Mathematik zum logischen, noch allgemeiner gesagt, zum wissenschaftlichen Denken erzieht. Soviel ist sicher: Wenn nicht die Beschäftigung an sich, so jede selbsttätige Beschäftigung mit der Mathematik erzieht zum richtigen Definieren der Begriffe, zum Aufsuchen logischer Beweisgründe von Behauptungen, zum Entwickeln rechnerischer und zeichnerischer Methoden. Das bedeutet Erziehung der logischen Fähigkeit. Beim Disponieren und Kombinieren, wie es hierbei erforderlich wird, kommt neben der Logik die Phantasie nicht zu kurz.

Die Mathematik verlangt aber mit ihrer Forderung nach Beweis von Behauptungen, und weil sie die Möglichkeit bietet, die Richtigkeit ihrer Schlüsse zu kontrollieren, Verantwortlichkeit, weckt damit das Pflichtbewußtsein, schafft ein Gefühl für die Unabänderlichkeit von Tatsachen.

Mit der Befriedigung über erkannte, vielleicht selbst gefundenen Wahrheiten, hinter denen oft angestrengte, die Willenskraft herausfordernde Denkarbeit steht, verbindet sich die Freude am Erreichten, ja in glücklichen Fällen Begeisterung für Geisteswerk und -größe.

Solchen e t h i s c h e n Erziehungswerten schließen sich ä s t h e t i s c h e an. Durchsichtigem Aufbau, übersichtlicher Begründung mathematischer Tatsachen ist eine Schönheit eigen, die sich in den Gesetzen der Zahlen und Formen offenbart. Das haben nicht nur die großen Mathematiker ausgesprochen — und manche unter den kleinen Mathematikern gefühlt, dem haben auch bildende Künstler wie Leonardo, Dürer, Hans Thoma, Dichter wie Novalis, in Werk und Wort Ausdruck gegeben.

Im Bau der Mathematik verbindet sich nüchterne Logik mit charakterbildender Ethik und formenreicher Ästhetik. Eine Zeit, die sich auf die ewigen Werte besinnen muß, kann an der Mathematik nicht vorbeigehen. Ihr Wesen, das sich in der Art ihres Aufbaues und ihrer Grundlegung ausprägt, verbürgt unvergängliche Wahrheit und reine Schönheit.